高等学校计算机基础教育规划教材

Access 2010实训教程

顾洪 孙勤红 朱颖雯 主编

清华大学出版社
北京

内容简介

本书按循序渐进的方式，将 Access 数据库课程的上机操作内容分成基本操作、简单应用、综合应用和选择题四个部分。基本操作部分主要是与表结构相关的内容，简单应用部分主要是与查询相关的内容，综合应用部分主要考查与报表和窗体相关的内容，选择题部分主要考查 Access 数据库的知识点。前三部分各精选了 16 道实训题，每道题均按题目原题、解题思路、操作步骤和本题小结来组织编排，每道题均提供素材和参考解答。选择题部分针对知识点精心设计了 240 道选择题，目的是在着力培养读者运用所学知识来解决问题的实际操作能力和应用能力的基础上，能掌握 Access 数据库基本的理论知识。

本书的素材可在清华大学出版社网站(www. tup. tsinghua. edu. cn)上下载。

本书突出操作性和实战性，可作为高等院校学生学习 Access 数据库课程的上机练习用书，也可以作为参加 Access 国家二级考试考生的参考资料。

图书在版编目(CIP)数据

Access 2010 实训教程/顾洪，孙勤红，朱颖雯主编．—北京：清华大学出版社，2015 (2016.1 重印)
高等学校计算机基础教育规划教材
ISBN 978-7-302-38924-8

Ⅰ. ①A…　Ⅱ. ①顾…　②孙…　③朱…　Ⅲ. ①关系数据库系统—高等学校—教材　Ⅳ. ①TP311.138

中国版本图书馆 CIP 数据核字(2015)第 005476 号

责任编辑：袁勤勇
封面设计：傅瑞学
责任校对：白　蕾
责任印制：李红英

出版发行：清华大学出版社
　　网　　址：http://www. tup. com. cn，http://www. wqbook. com
　　地　　址：北京清华大学学研大厦 A 座　　**邮　　编**：100084
　　社 总 机：010-62770175　　**邮　　购**：010-62786544
　　投稿与读者服务：010-62776969，c-service@tup. tsinghua. edu. cn
　　质 量 反 馈：010-62772015，zhiliang@tup. tsinghua. edu. cn
印 装 者：北京国马印刷厂
经　　销：全国新华书店
开　　本：185mm×260mm　　**印　张**：10　　**字　　数**：229 千字
版　　次：2015 年 2 月第 1 版　　**印　　次**：2016 年 1 月第 3 次印刷
印　　数：3001～5000
定　　价：19.50 元

产品编号：062436-01

前言

本书的作者长期从事计算机二级考试语言类课程的教学，具有较深厚的一线教学经验。本书是在参考国家计算机二级等级考试部分题库的基础上编写的，书中的题目具有连贯性，由浅入深，由易到难。实训操作以解题思路为先导，简单介绍主要知识点，再以具体的操作步骤指引操作，最后对本题进行小结，指出难点所在，方便读者学习。

本书按循序渐进的方式，将 Access 数据库课程的上机操作内容分成了基本操作、简单应用、综合应用和选择题四个部分。基本操作部分主要考查与表结构相关的内容，简单应用部分主要是与查询相关的内容，综合应用部分主要是与报表和窗体相关的内容，选择题部分主要考查 Access 数据库的知识点。前三个部分各精选了 16 道实训题，每道题均按题目原题、解题思路、操作步骤和本题小结来组织编排，每道题均提供操作素材和参考解答。第一部分由顾洪老师编写，第二部分和第三部分由朱颖雯老师编写，第四部分由孙勤红老师编写，全书由顾洪老师统稿。

本书可以作为高等学校 Access 数据库课程上机教学用书和参加全国计算机等级考试二级(Access)考试考生的参考用书，也可供各类计算机培训班和个人自学使用。

由于作者水平有限，书中难免有不妥之处，恳请广大读者批评指正。若有疑问请发邮件至 330231809@qq.com。

作　者

2014 年 10 月

目录

第一部分

基本操作题

第 01 题

（1）在素材文件夹中的 samp1.accdb 数据库中建立表 tTeacher，表结构如下：

字段名称	数据类型	字段大小	格式
编号	文本	5	
姓名	文本	4	
性别	文本	1	
年龄	数字	整型	
工作时间	日期/时间	短日期	
学历	文本	5	
职称	文本	5	
邮箱密码	文本	6	
联系电话	文本	8	
在职否	是/否		是/否

（2）根据 tTeacher 表的结构，判断并设置主键。

（3）设置"工作时间"字段的有效性规则为：只能输入上一年度 5 月 1 日（含）以前的日期（规定：本年度年号必须用函数获取）。

（4）将"在职否"字段的默认值设置为真值，"邮箱密码"字段的输入掩码设置为 6 位星号（密码），设置"联系电话"字段的输入掩码（电话号码的格式为前 4 位为 010-，后 8 位为数字）。

（5）将"性别"字段值的输入设置为"男"、"女"列表选择。

（6）在 tTeacher 表中输入以下两条记录：

编号	姓名	性别	年龄	工作时间	学历	职称	邮箱密码	联系电话	在职否
77012	郝海为	男	67	1962-12-8	大本	教授	621208	010-65976670	
92016	李丽	女	32	1992-9-3	研究生	讲师	920903	010-65977644	√

〖解题思路〗①

第(1)、(2)、(3)、(4)、(5)小题在设计视图中建立新表和设置字段属性,第(6)小题在数据表视图中直接输入数据。

〖操作步骤〗

(1) 打开数据库文件 samp1.accdb。

步骤 1: 选择“创建”工具栏中的“表设计”按钮,在设计视图中按题干中的表结构建立字段并设置字段的基本属性。在第一行“字段名称”列输入“编号”,单击“数据类型”,在“字段大小”行输入 5。

步骤 2: 同理设置其他字段,如图 1-01-01 所示。单击工具栏中的“保存”按钮,将表另存为 tTeacher。

(2) 在该表结构中,可以看出“编号”字段可以唯一决定表中的一条记录,所以应设置该属性为主键。在表 tTeacher 设计视图中选中“编号”字段行,右击选择【主键】菜单项完成主键设置。

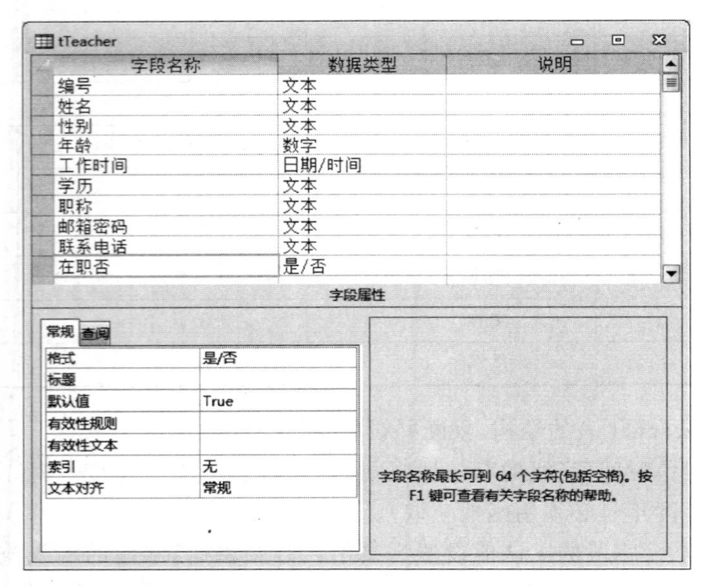

图 1-01-01　表属性对话框

(3) 在表 tTeacher 设计视图中单击“工作时间”字段行任一处,在“有效性规则”行输入<=DateSerial(Year(Date())-1,5,1)。

(4) 通过表设计视图完成此题。

步骤 1: 在表 tTeacher 设计视图中单击“在职否”字段行,在“默认值”行输入 True,保存设计视图。

① 符号使用说明:解题思路、操作步骤、本题小结用〖〗,菜单项和键盘键用【】,中文表名、字段名等用“”。

步骤 2：单击“邮箱密码”字段行，单击“输入掩码”行的右侧生成器按钮，弹出“输入掩码向导”对话框，在列表中选中“密码”行，单击“完成”按钮，如图 1-01-02 所示。

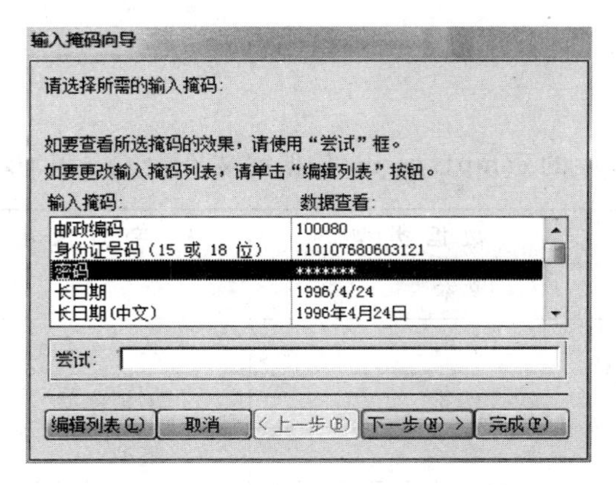

图 1-01-02　“输入掩码向导”对话框

步骤 3：单击“联系电话”字段行任一处，在“输入掩码”行输入"010-"00000000。

(5) 通过查阅向导完成此题。

步骤 1：在“性别”字段“数据类型”列表选中“查阅向导”，弹出“查阅向导”对话框，选中“自行键入所需的值”复选框，单击“下一步”按钮。

步骤 2：在光标处输入“男”，在下一行输入“女”，单击“完成”按钮。单击工具栏中“保存”按钮，关闭设计视图，如图 1-01-03 所示。

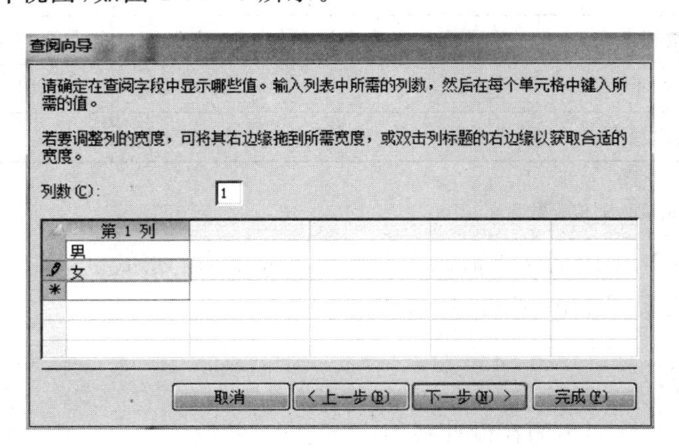

图 1-01-03　性别字段建立查阅向导

(6) 通过数据表视图完成此题。

步骤 1：双击表 tTeacher，或右击选择【打开】菜单项，进入数据表视图，按照题干内容添加数据。

步骤 2：单击工具栏中“保存”按钮，关闭数据表视图和 Access。

〖本题小结〗

本题涉及新建表，主键的分析与设置，有效性规则、默认值、输入掩码等设置，输入记录内容，完成记录添加等，尤其第(3)小题涉及日期函数 DateSerial()、Year()和 Date()的综合使用，是本题的难点。

第 02 题

(1) 在素材文件夹中的 samp1. accdb 数据库文件中建立表 tBook，表结构如下：

字段名称	数据类型	字段大小	格　式
编号	文本	8	
教材名称	文本	30	
单价	数字	单精度型	小数位数 2 位
库存数量	数字	整型	
入库日期	日期/时间		短日期
需要重印否	是/否		是/否
简介	备注		

(2) 判断并设置 tBook 表的主键。
(3) 设置"入库日期"字段的默认值为系统当前日期的前一天的日期。
(4) 在 tBook 表中输入以下 2 条记录：

编　号	教材名称	单　价	库存数量	入库日期	需要打印否	简　介
200401	VB 入门	37.50	0	2004-4-1	√	考试用书
200402	英语六级强化	20.00	1000	2004-4-3	√	辅导用书

注："单价"字段精度为 2 位小数显示。

(5) 设置"编号"字段的输入掩码为 8 位数字或字母的形式。
(6) 在数据表视图中将"简介"字段隐藏起来。

〖解题思路〗

第(1)、(2)、(3)、(5)小题在设计视图中新建表，并设置相应字段属性；第(4)、(6)小题在数据表中输入数据和设置隐藏字段。

〖操作步骤〗

(1) 打开数据库文件 samp1. accdb。
步骤 1：选"创建"工具栏，单击"表设计"按钮，进入表设计视图。
步骤 2：按照题目中要求建立新字段。单击工具栏中"保存"按钮，另存为 tBook。
(2) 在 tBook 表结构中可以看出，"编号"字段能唯一确定一条记录，所以要设置该字段为主键。在设计视图中，选中"编号"字段行。右击"编号"行，在弹出的快捷菜单中选择

【主键】菜单项，或直接单击工具栏上“主键”按钮。

(3) 单击“入库日期”字段行，在“默认值”行输入＝Date()－1，如图 1-02-01 所示，单击工具栏中“保存”按钮。

图 1-02-01　设置入库日期的默认值

(4) 右击表对象 tBook，选中【打开】菜单项，按照题目中表记录添加新记录。并单击工具栏中“保存”按钮。

(5) 通过表设计视图完成此题。

步骤 1：右击表对象 tBook，选中【设计视图】菜单项。

步骤 2：单击“编号”字段行，在“输入掩码”行输入 AAAAAAAA，如图 1-02-02 所示，单击工具栏中的“保存”按钮。

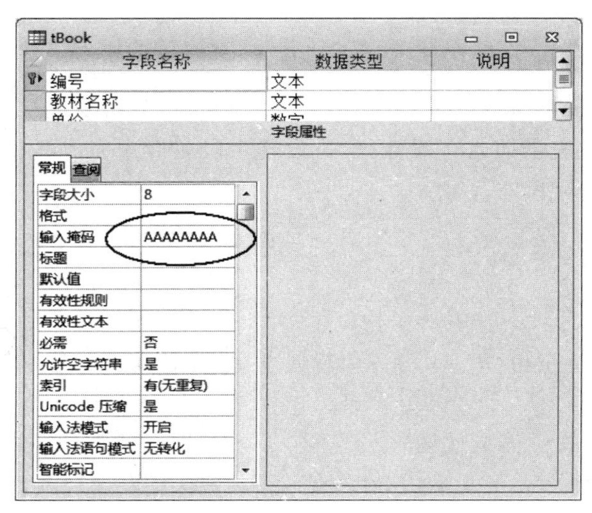

图 1-02-02　设置输入掩码

(6) 通过数据表视图完成此题。

步骤 1：右击表对象 tBook，选中【打开】菜单项。

步骤 2：在“简介”列上右击，从弹出的快捷菜单中选择【隐藏字段】菜单项。

步骤 3：单击工具栏中“保存”按钮，关闭设计视图，关闭 Access。

〖本题小结〗

本题涉及通过表设计视图创建表的结构，并设置相应字段属性，包括主键的设置、默认值的设置、输入掩码的设置等，涉及表记录的输入、表记录字段的隐藏显示等操作，尤其是默认值的设置用到了日期函数 Date()，当前日期的前一天的正确表达是本题的难点。

第 03 题

素材文件夹中有一个数据库文件 samp1. accdb。在数据库文件中已经建立了一个表对象“学生基本情况”。根据以下操作要求，完成各种操作：

(1) 将“学生基本情况”表名称改为 tStud。

(2) 设置“身份 ID”字段为主键；并设置“身份 ID”字段的相应属性，使该字段在数据表视图中的显示标题为“身份证”。

(3) 将“姓名”字段设置为“有重复索引”。

(4) 在“家长身份证号”和“语文”两字段间增加一个字段，名称为“电话”，类型为文本型，大小为 12。

(5) 将新增“电话”字段的输入掩码设置为“010-********”的形式，其中，“010-”部分自动输出，后八位为数字。

(6) 在数据表视图中将隐藏的“编号”字段重新显示出来。

〖解题思路〗

第(1)小题通过右击来修改表名称；第(2)小题和第(3)小题通过字段属性区来设置属性；第(4)小题先通过右击插入一属性行，再设置字段属性来完成第(5)小题；第(6)小题通过数据表视图上右击字段来完成。

〖操作步骤〗

(1) 打开数据库文件 samp1. accdb。

在表对象“学生基本情况”上右击，在快捷菜单中选中【重命名】菜单项，将表名称改为 tStud。

(2) 通过表设计视图完成此题。

步骤 1：在表对象 tStud 上右击，在快捷菜单中选中【设计视图】菜单项。

步骤 2：选中“身份 ID”字段，并右击，选中【主键】菜单项，在字段属性区，选择标题行,在右侧输入“身份证”,如图 1-03-01 所示。

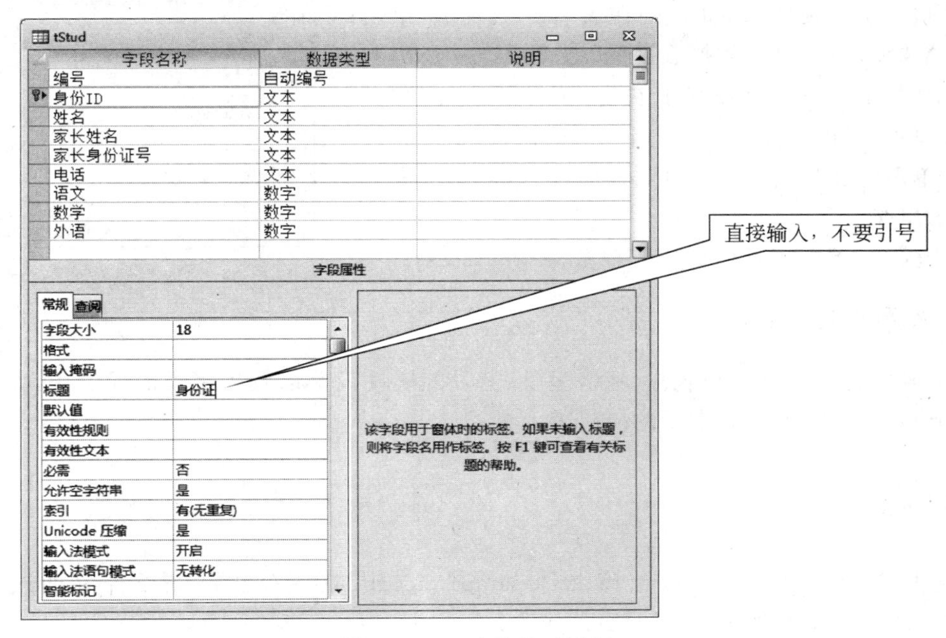

图 1-03-01　表结构对话框

(3) 选中“姓名”字段,在字段属性区,选择“索引”,在右侧单击选择钮,选择“有(有重复)”,如图 1-03-02 所示。

(4) 通过表设计视图完成此题。

步骤 1：选中“语文”字段,右击,选【插入行】菜单项。

步骤 2：在新增的行中输入字段名“电话”,选择数据类型为文本型,在字段属性区设置字段属性如图 1-03-03 所示。

字段大小	10
格式	
输入掩码	
标题	
默认值	
有效性规则	
有效性文本	
必需	否
允许空字符串	是
索引	有(有重复)
Unicode 压缩	无
输入法模式	有(有重复)
输入法语句模式	有(无重复)
智能标记	

图 1-03-02　设置索引

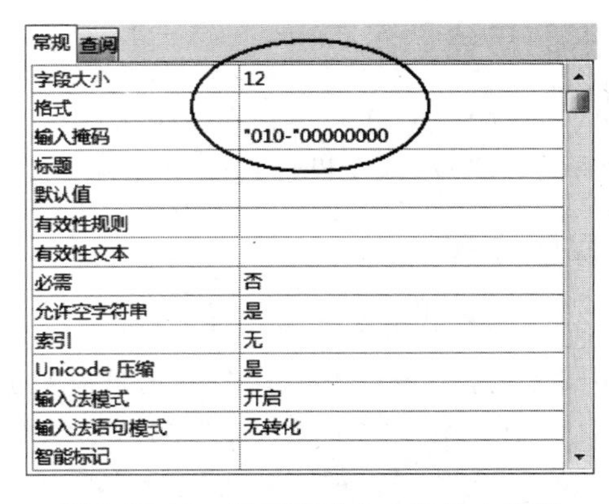

图 1-03-03　设置字段大小和输入掩码

步骤 3：单击工具栏中的“保存”按钮,保存设计视图。

(5) 通过表设计视图完成。

(6) 通过数据表视图完成此题。

步骤 1：单击工具栏上的“视图”按钮，切换到数据表视图，或设计视图被关闭，则在表名称上右击，单击【打开】选项，也能打开数据表视图。

步骤 2：在任一字段名上右击，选择【取消隐藏字段】菜单项，弹出如图 1-03-04 所示对话框，选中“编号”字段，单击“关闭”按钮，就可以将隐藏的“编号”字段重新显示出来。

步骤 3：单击工具栏“保存”按钮，关闭 Access。

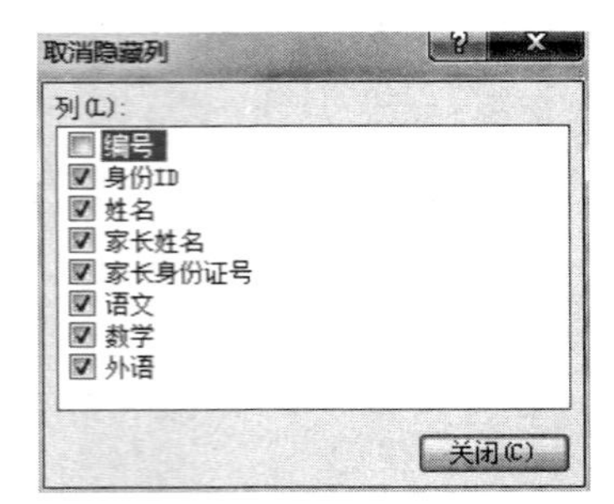

图 1-03-04 “取消隐藏列”对话框

〖本题小结〗

本操作题涉及更改表名称、新增字段、字段的属性设置以及表字段的显示等，尤其是输入掩码的设置，要注意常用的掩码表示方式。

第 04 题

素材文件夹中有一个数据库文件 samp1. accdb，其中存在已经设计好的表对象 tStud。请按照以下要求，完成对表的修改：

(1) 设置数据表显示的字体大小为 14、行高为 18。

(2) 设置“简历”字段的设计说明为“自上大学起的简历信息”。

(3) 将“年龄”字段的数据类型改为整型字段大小的数字型。

(4) 将学号为 20011001 学生的照片信息改成“素材”文件夹中的 photo. bmp 图像文件。

(5) 将隐藏的“党员否”字段重新显示出来。

(6) 完成上述操作后，将“备注”字段删除。

〖解题思路〗

第(1)、(4)、(5)、(6)小题在数据表视图中设置字体、行高、更改图片，隐藏字段和删除字段；第(2)、(3)小题在设计视图中设置字段属性。

〖操作步骤〗

(1) 打开数据库文件 samp1. accdb。

步骤 1：选中表对象 tStud，右击选择【打开】菜单项或双击打开 tStud 表。单击“开始”工具栏中文本格式选项，在“字号”列表选择 14。

步骤 2：在数据表视图的表记录选择区上右击，选择【行高】菜单项，如图 1-04-01 所示，在弹出的“行高”对话框中输入 18，如图 1-04-02 所示；单击“确定”按钮，单击工具栏中的“保存”按钮。

(2) 选中表对象 tStud，右击选择【设计视图】菜单项，在设计视图中打开表 tStud，在“简历”字段的“说明”列输入“自上大学起的简历信息”。

(3) 通过设计视图完成此题。

步骤1：在设计视图中单击“年龄”字段，在“字段属性”区的“字段大小”列表选择“整型”。

图 1-04-01　快捷菜单

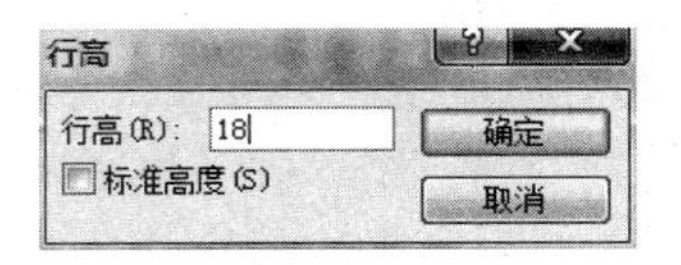

图 1-04-02　“行高”对话框

步骤2：单击工具栏中“保存”按钮，关闭设计视图。

(4) 通过数据表视图完成此题。

步骤1：双击打开表 tStud，右击学号为 20011001 对应的照片列，选择【插入对象】菜单项。

步骤2：在弹出的对话框中选中“由文件创建”单选按钮，单击“浏览”按钮，找到要插入的图片文件名，如图 1-04-03 所示，单击“确定”按钮。

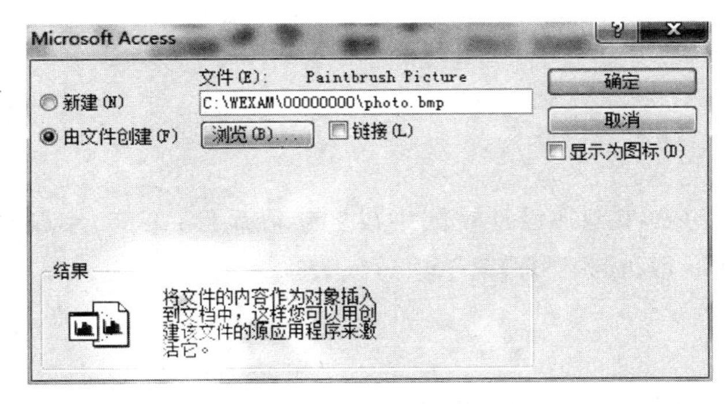

图 1-04-03　插入图片对话框

(5) 通过数据表视图完成此题。

步骤1：在数据表视图中右击任一字段，选择【取消隐藏字段】菜单项。

步骤2：单击“党员否”复选框，然后单击“关闭”按钮。

(6) 通过数据表视图完成此题。

步骤1：在数据表视图中，右击“备注”列，选择【删除字段】菜单项。

步骤2：在弹出的对话框中单击“是”按钮。

步骤3：单击工具栏中“保存”按钮，关闭数据表视图和 Access。

〖本题小结〗

本题涉及数据表视图的显示格式设置和隐藏字段的显示；字段属性设置；图片字段的记录输入以及字段的删除等操作。

第 05 题

在素材文件夹中的 samp1. accdb 数据库文件中已建立表对象 tVisitor，同时在素材文件夹下还有 exam. mdb 数据库文件。请按以下操作要求，完成表对象 tVisitor 的编辑和表对象 tLine 的导入：

(1) 设置“游客 ID”字段为主键。

(2) 设置“姓名”字段为必填字段。

(3) 设置“年龄”字段的有效性规则为：大于等于 10 且小于等于 60。

(4) 设置“年龄”字段的有效性文本为：“输入的年龄应在 10 岁到 60 岁之间，请重新输入。”

(5) 在编辑完的表中输入如下一条新记录，其中“照片”字段数据设置为素材文件夹中的“照片 1. bmp”图像文件。

游客 ID	姓 名	性 别	年 龄	电 话	照 片
001	李霞	女	20	123456	

(6) 将 exam. mdb 数据库文件中的表对象 tLine 导入到 samp1. accdb 数据库中，表名不变。

〖解题思路〗

第(1)、(2)、(3)、(4)小题在设计视图中设置字段属性；第(5)小题在数据表中输入数据；第(6)小题通过【获取外部数据】菜单项导入表。

〖操作步骤〗

(1) 打开数据库文件 samp1. accdb。

步骤 1：右击表对象 tVisitor，在弹出的快捷菜单中选择【设计视图】菜单项。

步骤 2：选择“游客 ID”字段，单击工具栏中的“主键”按钮，或者右击，选择【主键】菜单项。

(2) 在设计视图中单击“姓名”字段，在“字段属性”区的“必需”项选中“是”。

(3) 在设计视图中单击“年龄”字段，在“有效性规则”行输入“＞＝10 and ＜＝60”。

(4) 在设计视图中单击“年龄”字段，在“有效性文本”行输入“输入的年龄应在 10 岁到 60 岁之间，请重新输入。”，如图 1-05-01 所示，单击“保存”按钮，关闭设计视图。

(5) 通过数据表视图完成此题。

步骤 1：双击打开表 tVisitor，按照题干中的表输入数据。右击游客 ID 为 001 的照片列，从弹出的快捷菜单中选择【插入对象】菜单项。

步骤 2：在弹出的对话框中选中“由文件创建”单选按钮，单击“浏览”按钮，找到要插入的图片文件名，单击“确定”按钮。

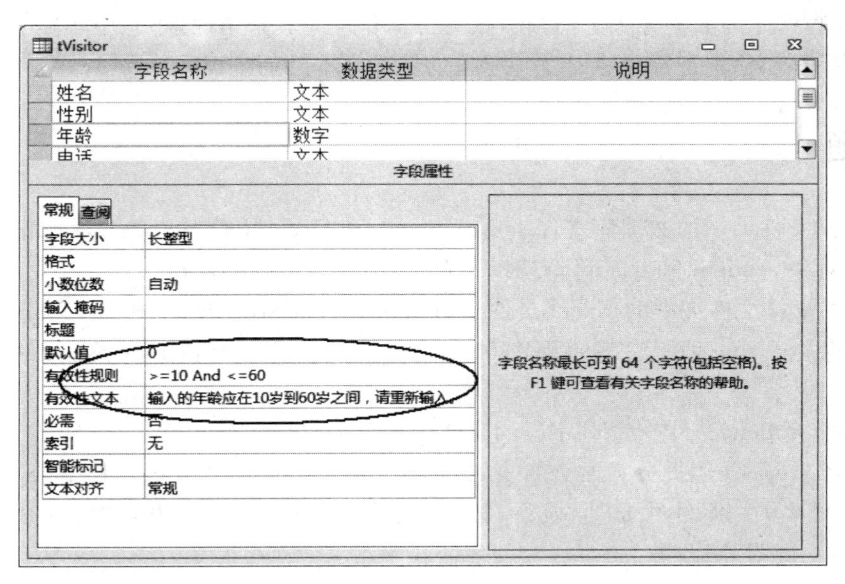

图 1-05-01　设置年龄字段的属性

步骤 3：单击工具栏中“保存”按钮，关闭数据表。

(6) 通过导入对象完成此题。

步骤 1：单击“外部数据”工具栏，单击 Access 按钮。

步骤 2：在弹出的“获取外部数据-Access 数据库”对话框中，单击“浏览”按钮，在素材文件夹中选中 exam.mdb 文件，单击“确定”按钮。

步骤 3：在“导入对象”的表选项中选择 tLine，如图 1-05-02 所示，单击“确定”按钮。

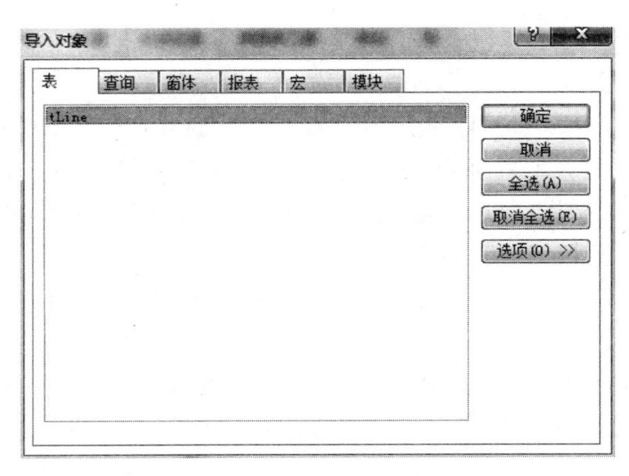

图 1-05-02　“导入对象”对话框

步骤 4：单击工具栏中“保存”按钮，关闭 Access。

〖本题小结〗

本题涉及设置字段属性中的主键、必填字段、有效性规则、有效性文本；添加记录；外部 Access 数据库的数据导入到当前数据库等操作。尤其是第(4)小题中年龄字段的有效性规则的书写和输入记录内容时图片字段的输入是本题的难点。

第 06 题

在素材文件夹中的数据库文件 samp1. accdb 和 Excel 文件 Stab. xls,samp1. accdb 中已建立表对象 student 和 grade,请按以下要求,完成表的各种操作:

(1) 将素材文件夹中的 Excel 文件 Stab. xls 导入到 student 表中。

(2) 将 student 表中 1975 年到 1980 年之间(包括 1975 年和 1980 年)出生的学生记录删除。

(3) 将 student 表中“性别”字段的默认值设置为“男”。

(4) 将 student 表拆分为两个新表,表名分别为 tStud 和 tOffice。其中 tStud 表结构为:学号,姓名,性别,出生日期,院系,籍贯,主键为学号;tOffice 表结构为:院系,院长,院办电话,主键为“院系”。

要求:保留 student 表。

(5) 建立 student 和 grade 两表之间的关系。

〖解题思路〗

第(1)小题通过导入来获取外部数据;第(2)小题通过创建删除查询来删除记录;第(3)小题在设计视图中设置默认值;第(4)小题通过创建生成表查询来拆分表;第(5)小题通过在两表间的关键字段上拖动鼠标来创建关系。

〖操作步骤〗

(1) 打开数据库文件 samp1. accdb。

步骤 1:在表对象 student 上右击,在快捷菜单中选中【导入/Excel】菜单项。

步骤 2:在弹出的“获取外部数据”对话框中单击“浏览”按钮,选择素材文件夹中的 Excel 文件 Stab. xls,选中“向表中追加一份记录的副本”单选按钮,在组合框中选择 student 表,单击“确定”按钮。

步骤 3:在接下来的“导入数据表向导”对话框中依次单击“下一步”按钮,最后单击“完成”按钮,结束操作。

(2) 通过查询设计视图完成此题。

步骤 1:单击“查询设计”按钮,在“显示表”对话框中选中表 student,单击“添加”按钮,关闭“显示表”对话框。

步骤 2:双击“出生日期”字段,将该字段添加到字段区,在“条件”行输入“>=#1975-1-1# and <=#1980-12-31#”,如图 1-06-01 所示。

步骤 3:单击工具栏中的“删除”按钮,再单击工具栏中“运行”按钮,在弹出对话框中单击“是”按钮,如图 1-06-02 所示,关闭设计视图,不保存查询。

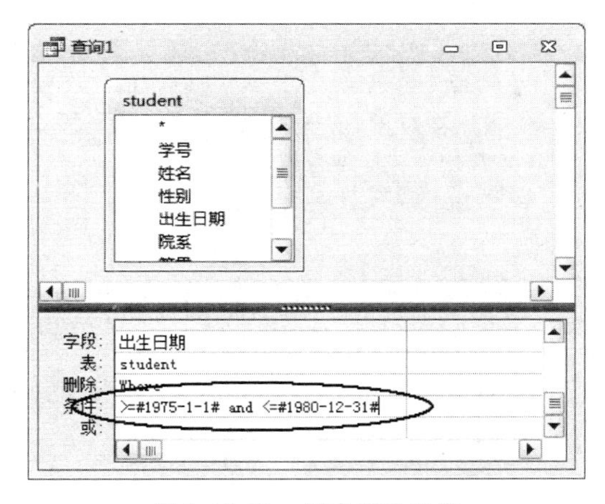

图 1-06-01　创建删除查询

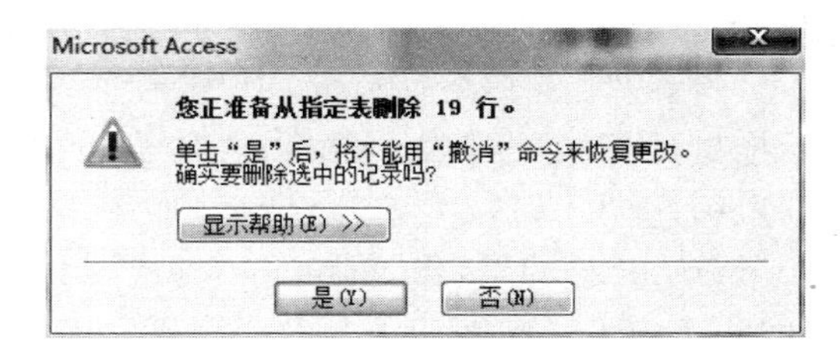

图 1-06-02　运行删除查询

(3) 通过表设计视图完成此题。

步骤 1：右击表对象 student，选择【设计视图】菜单项，进入设计视图窗口。

步骤 2：选中"性别"字段，在属性区的"默认值"行输入"男"，单击工具栏中"保存"按钮，关闭设计视图。

(4) 通过查询设计视图完成此题。

步骤 1：单击"查询设计"按钮，在"显示表"对话框中选中表 student，单击"添加"按钮，关闭"显示表"对话框。

步骤 2：依次双击"学号"、"姓名"、"性别"、"出生日期"、"院系"、"籍贯"字段，在工具栏上单击"生成表"按钮，在弹出的对话框中输入表名 tStud，如图 1-06-03 所示，单击"确定"按钮。

图 1-06-03　"生成表"对话框

步骤 3：单击工具栏"运行"按钮，在弹出对话框中单击"是"按钮，关闭视图，不保存查询。

步骤 4：在表对象 tStud 上右击，选择【设计视图】菜单项，选中"学号"字段，单击工具栏中的"主键"按钮，单击工具栏中"保存"按钮，关闭设计视图。

步骤 5：单击"查询设计"按钮，在"显示表"对话框中选中表 student，单击"添加"按钮，关闭"显示表"对话框，然后依次双击添加"院系"、"院长"、"院办电话"字段，单击工具栏"汇总"按钮，单击"生成表"按钮，在弹出的对话框中输入表名 tOffice，单击"确定"按钮。运行查询，生成表。关闭不保存查询。在表对象 tOffice 上右击，选择【设计视图】菜单项，选择“院系”字段，单击工具栏中的“主键”按钮，保存并关闭视图。

(5) 通过表关系视图完成此题。

步骤 1：单击“数据库工具”栏，单击“关系”按钮，弹出“关系”对话框，在该对话框空白处右击，选择【显示表】菜单项，依次添加表 student 和 grade，关闭对话框。

步骤 2：选中表 student 中“学号”字段，然后拖曳鼠标指针到表 grade 中“学号”字段，放开鼠标，弹出“编辑关系”对话框，如图 1-06-04 所示，单击“创建”按钮，再单击工具栏中“保存”按钮，关闭设计视图。

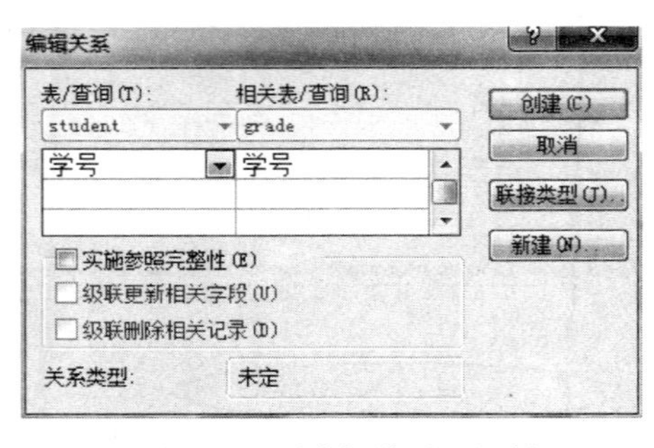

图 1-06-04 “编辑关系”对话框

步骤 3：关闭 Access。

〖本题小结〗

本操作题涉及表记录的导入、删除记录、字段默认值及主键的设置、表的拆分与表的生成等操作，其中第(4)小题表的拆分要理解成生成 2 张新表，第(2)小题中的日期条件要掌握正确的书写方式。

第 07 题

在素材文件夹中的 samp1.accdb 数据库文件中已建立好表对象 tStud 和 tScore、宏对象 mTest 和窗体 fTest。请按以下要求，完成各种操作：

(1) 分析并设置表 tScore 的主键。

(2) 将学生入校时间字段的默认值设置为下一年度的一月一日(规定：本年度的年号必须用函数获取)。

(3) 冻结表 tStud 中的“姓名”字段列。

(4) 将窗体“fTest”的“标题”属性设置为“测试”。

(5) 将窗体“fTest”中名为 bt2 的命令按钮的宽度设置为 2 厘米、与命令按钮 bt1 左边对齐。

(6) 将宏 mTest 重命名保存为自动执行。

〖解题思路〗

第(1)、(2)小题在表设计视图中设置字段属性；第(3)小题在数据表视图中设置冻结字段；第(4)、(5)小题直接右击控件选择属性；第(6)小题直接右击宏名选择重命名。

〖操作步骤〗

(1) 打开数据库文件 samp1.accdb。

步骤 1：在表对象中，右击表 tScore，从弹出的快捷菜单中选择【设计视图】菜单项。

步骤2：分析该表结构，“学号”和“课程号”字段两个字段联合起来才能唯一决定一条记录，所以选中“学号”和“课程号”字段，单击工具栏中的“主键”按钮，如图1-07-01所示。

步骤3：保存并关闭设计视图。

(2) 通过表设计视图完成此题。

步骤1：右击表tStud，从弹出的快捷菜单中选择【设计视图】菜单项。

步骤2：单击“入校时间”字段行，在“字段属性”的“默认值”行输入“=DateSerial(Year(Date())+1,1,1)”，如图1-07-02所示。

tScore

字段名称	数据类型	说明
学号	文本	
课程号	文本	
成绩	数字	

字段属性

常规 查阅

图1-07-01　将两个字段设为关键字

常规 查阅

格式	短日期
输入掩码	
标题	
默认值	=DateSerial(Year(Date())+1,1,1)
有效性规则	
有效性文本	
必需	否
索引	无
输入法模式	关闭
输入法语句模式	无转化
智能标记	
文本对齐	常规
显示日期选取器	为日期

图1-07-02　入校时间默认值的表达式

步骤3：单击工具栏中“保存”按钮。

(3) 通过数据表视图完成此题。

步骤1：单击左上角工具栏“视图”选择“数据表视图”按钮。

步骤2：右击“姓名”字段列，从弹出的快捷菜单中选择【冻结字段】菜单项。

步骤3：单击工具栏中“保存”按钮，关闭数据表视图。

(4) 通过窗体属性表视图完成此题。

步骤1：选中“窗体”对象，右击窗体fTest，从弹出的快捷菜单中选择【设计视图】菜单项。

步骤2：右击窗体选择器，从弹出的快捷菜单中选择【属性】菜单项，在标题行输入“测试”，如图1-07-03所示。

(5) 通过窗体属性表视图完成此题。

步骤1：单击命令按钮bt2(该按钮标题是Button2)，在“宽度”行输入2cm。

步骤2：单击命令按钮bt2，按住Shift键再单击bt1，单击“窗体设计工具”上“排列”栏“对齐”按钮下的【靠左】项。

步骤3：单击工具栏中“保存”按钮，关闭设计视图。

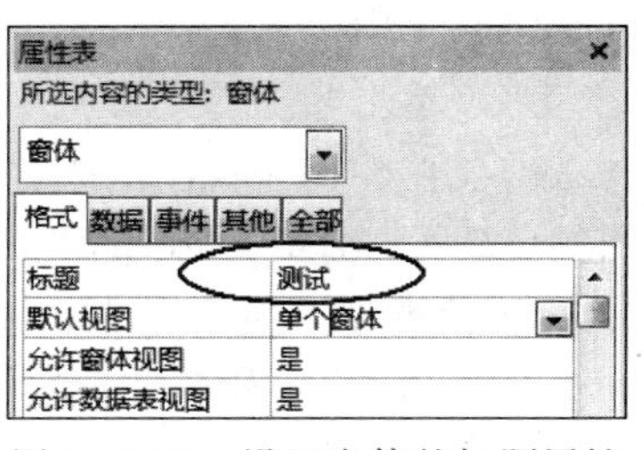

属性表

所选内容的类型：窗体

窗体

格式 数据 事件 其他 全部

标题	测试
默认视图	单个窗体
允许窗体视图	是
允许数据表视图	是

图1-07-03　设置窗体的标题属性

(6) 重命名宏对象。

步骤1：右击宏对象mTest，在弹出的快捷菜单中选择【重命名】菜单项。

步骤2：在光标处输入AutoExec。

步骤3：单击工具栏中“保存”按钮，关闭Access。

注意：“AutoExec”宏是一个能自动运行的特殊的宏对象。

〖**本题小结**〗

本题涉及表结构中字段属性中默认值的设置、数据表视图中冻结字段的设置，以及窗体对象中窗体及命令按钮属性的设置、特殊宏对象的命名等操作。在字段默认值设置中，又用到了日期函数DateSerial()、Year()和Date()。在窗体对象中要注意区分对象名称和标题这两个属性。

第08题

在素材文件夹中有一个数据库文件samp1.accdb，里面已经设计好表对象tStud。请按照以下要求，完成对表的修改：

(1) 设置数据表显示的字体大小为14、行高为18。

(2) 设置“简历”字段的设计说明为“自上大学起的简历信息”。

(3) 设置“入校时间”字段的格式为中日期。

注意：要求月日为两位显示、年4位显示，如“12月15日2005”。

(4) 将学号为20011002的学生的“照片”字段数据设置为素材文件夹中的photo.bmp图像文件。

(5) 将冻结的“姓名”字段解冻。

(6) 完成上述操作后，将“备注”字段删除。

〖**解题思路**〗

第(1)、(4)、(5)、(6)小题在数据表视图中设置字体、行高、更改图片，解冻字段和删除字段；第(2)、(3)小题在设计视图中设置字段属性。

〖**操作步骤**〗

(1) 打开数据库文件samp1.accdb。

步骤1：选中表对象tStud，右击选择【打开】菜单项或双击打开tStud表。

步骤2：单击“开始”工具栏中文本格式选项，在“字号”列表选择14。

步骤3：在数据表视图的表记录选择区上右击，选择【行高】菜单项，在弹出的“行高”对话框中，输入18，单击“确定”按钮，单击工具栏中的“保存”按钮。

(2) 通过表设计视图完成此题。

步骤1：选中表对象tStud，右击选择【设计视图】菜单项，在设计视图中打开表tStud。

步骤2：在“简历”字段的“说明”列输入“自上大学起的简历信息”。

(3) 通过表设计视图完成此题。

步骤1：单击“入校时间”字段行，在“字段属性”区“格式”右侧输入“mm\月 dd\日 yyyy”，注意不能在“格式”右侧下拉列表中直接选中“中日期”，如图1-08-01所示。

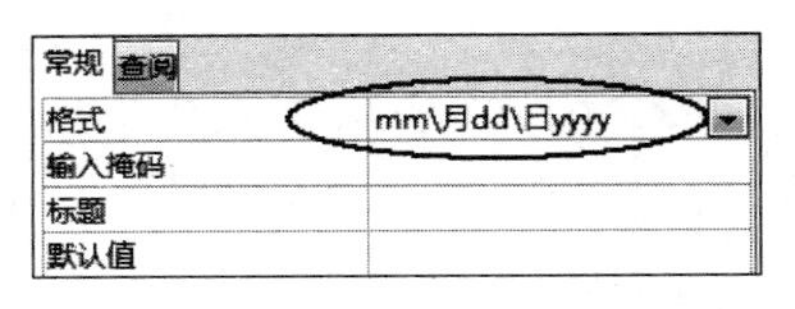

图1-08-01　设置入校日期格式

步骤2：单击工具栏中“保存”按钮，关闭设计视图。

(4) 通过数据表视图完成此题。

步骤1：双击打开表tStud，右击学号为2001002对应的照片列，选择【插入对象】菜单项。

步骤2：在弹出的对话框中选中“由文件创建”单选按钮，单击“浏览”按钮，找到要插入的图片文件名，如图1-08-02所示，单击“确定”按钮。

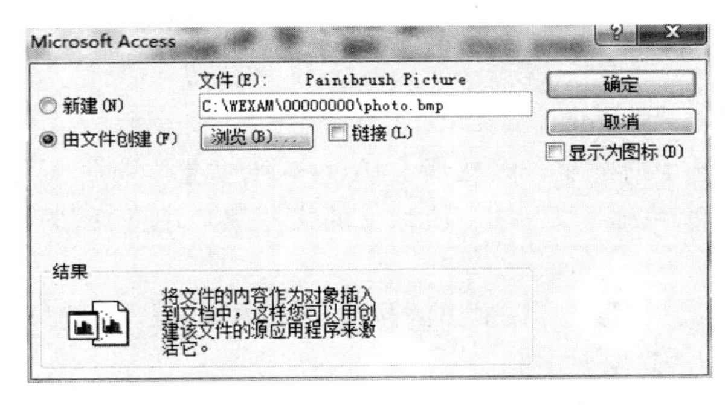

图1-08-02　输入图片字段

(5) 在数据表视图中右击任一字段，选择【取消冻结所有字段】菜单项。

(6) 通过数据表视图完成此题。

步骤1：在数据表视图中，右击“备注”列，选择【删除字段】菜单项。

步骤2：在弹出的对话框中单击“是”，然后再单击工具栏中“保存”按钮，关闭数据表视图。

步骤3：关闭Access。

〖**本题小结**〗

本题涉及数据表视图的显示格式设置和字段的冻结显示；字段属性设置；图片字段的记录输入以及字段的删除等操作。在字段属性设置中尤其要掌握日期格式的设置操作，第(3)小题入校时间的格式表达是本题的难点。

第09题

在素材文件夹中，已有一个数据库文件samp1.accdb，其中已经建立两个表对象

tGrade 和 tStudent,宏对象 mTest 和查询对象 qT。请按以下操作要求,完成各种操作:

(1) 设置 tGrade 表中"成绩"字段的显示宽度为 20。

(2) 设置 tStudent 表的"学号"字段为主键,"性别"的默认值属性为"男"。

(3) 在 tStudent 表结构最后一行增加一个字段,字段名为"家庭住址",字段类型为文本,字段大小为 40;删除"相片"字段。

(4) 删除 qT 查询中的"毕业学校"列,并将查询结果按"姓名"、"课程名"和"成绩"顺序显示。

(5) 将宏 mTest 重命名,保存为自动执行的宏。

〖**解题思路**〗

第(1)小题在数据表中设置字段宽度;第(2)、(3)小题在设计视图设置字段属性、删除字段和添加新字段;第(4)小题在查询设计视图中删除字段;第(5)小题右击宏名选择【重命名】菜单项。

〖**操作步骤**〗

(1) 打开数据库文件 samp1. accdb。

步骤 1:单击浏览类别按钮,选择【所有 Access 对象】菜单项,显示出表对象。

步骤 2:在表对象 tGrade 上右击,从弹出的快捷菜单中选择【打开】菜单项,进入数据表视图。

步骤 3:右击"成绩"字段名,从弹出的快捷菜单中选择【字段宽度】菜单项,在弹出的对话框中输入 20,单击"确定"按钮。

步骤 4:单击工具栏中"保存"按钮,关闭设计视图。

(2) 通过表设计视图完成此题。

步骤 1:右击表对象 tStudent,从弹出的快捷菜单中选择【设计视图】菜单项。

步骤 2:右击"学号"字段行,从弹出的快捷菜单中选择【主键】菜单项。

步骤 3:选择"性别"字段行,在"字段属性"的"默认值"行输入"男"。

(3) 通过表设计视图完成此题。

步骤 1:在"相片"字段的下一行输入"家庭住址",单击"数据类型"列,数据类型为默认类型文本型,在"字段属性"的"字段大小"行输入 40。

步骤 2:选中"相片"行,右击"相片"行,从快捷菜单中选择【删除行】菜单项。

步骤 3:单击工具栏中"保存"按钮,关闭设计视图。

(4) 通过查询设计视图完成此题。

步骤 1:右击查询对象 qT,选择【设计视图】菜单项,打开查询对象。

步骤 2:选中"毕业学校"字段,单击查询工具设计栏"删除列"按钮,或右击,从快捷菜单中选择【剪切】菜单项。

步骤 3:选中"姓名"字段,将该字段拖动到"成绩"字段前,放开鼠标。

步骤 4:选中"课程名"字段,将该字段拖动到"成绩"字段前,放开鼠标,设计视图如图 1-09-01 所示。

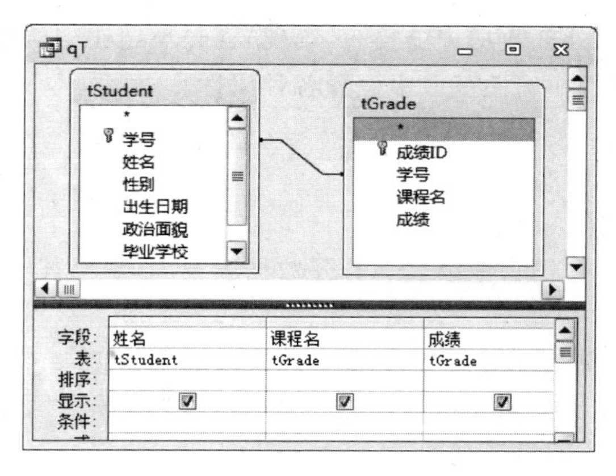

图 1-09-01　查询设计图

步骤 5：单击工具栏中“保存”按钮，关闭设计视图。

(5) 重命名宏对象。

步骤 1：右击宏对象 mTest，从弹出的快捷菜单中选择【重命名】菜单项。

步骤 2：在光标处输入 AutoExec。

步骤 3：单击工具栏中“保存”按钮，关闭 Access。

〖**本题小结**〗

本题操作涉及设置字段、主键、默认值等；涉及删除字段、添加新字段和宏的重命名以及查询设计修改等。

第 10 题

在素材文件夹中，samp1. accdb 数据库文件中已建立 3 个关联表对象（名为“职工表”、“物品表”和“销售业绩表”）和一个窗体对象（名为 fTest）。请按以下要求，完成表和窗体的各种操作：

(1) 分析表对象“销售业绩表”的字段构成，判断并设置其主键。

(2) 将表对象“物品表”中的“生产厂家”字段重命名为“生产企业”。

(3) 建立表对象“职工表”、“物品表”和“销售业绩表”的表间关系，并实施参照完整性。

(4) 将素材文件夹下 Excel 文件 Test. xls 中的数据链接到当前数据库中，要求数据中的第一行作为字段名，链接表对象命名为 tTest。

(5) 将窗体 fTest 中名为 bTitle 的控件设置为“特殊效果：阴影”显示。

(6) 在窗体 fTest 中，以命令按钮 bt1 为基准，调整命令按钮 bt2 和 bt3 的大小和水平位置。

要求：按钮 bt2 和 bt3 的大小尺寸与按钮 bt1 相同，左边界与按钮 bt1 左对齐。

〖**解题思路**〗

第(1)、(2)小题在表设计视图中设置字段属性；第(3)小题在关系界面中设置表间关系;第(4)小题通过获取外部数据来链接表;第(5)、(6)小题在窗体设置视图中右击命令按钮并选择【属性】菜单项,在属性窗口中设置各种属性。

〖**操作步骤**〗

(1) 打开数据库文件 samp1. accdb。

步骤 1: 双击表对象“销售业绩表”,打开数据表视图,观察其中的数据记录,再切换到设计视图。

步骤 2: 从数据表视图可以看出,要唯一决定该表中的记录,需要“时间”、“编号”、“物品号”三个字段联合,才能共同决定,所以选择“时间”、“编号”、“物品号”字段,右击,选择【主键】菜单项,保存并关闭设计视图。

(2) 通过表设计视图完成此题。

步骤 1: 右击表对象“物品表”,从弹出的快捷菜单中选择【设计视图】菜单项。

步骤 2: 在“字段名称”列将“生产厂家”改为“生产企业”。

步骤 3: 单击工具栏中“保存”按钮,关闭设计视图。

(3) 通过数据库关系视图完成此题。

步骤 1: 单击数据库工具栏上的“关系”按钮,在“关系”窗口右击,选择【显示表】菜单项,分别添加表“职工表”、“物品表”和“销售业绩表”,关闭显示表对话框。

步骤 2: 选中表“职工表”中的“编号”字段,拖动到“销售业绩表”的“编号”字段,放开鼠标,弹出“编辑关系”窗口,选中“实施参照完整性”复选框,然后单击“创建”按钮。

注意: 如果两表间已存在关系,可以在关系线上右击,选择【编辑关系】菜单项,在“编辑关系”窗口,选中“实施参照完整性”复选框,然后单击“确定”按钮。

步骤 3: 同理,拖动“销售业绩表”中的“物品号”字段到“物品表”的“产品号”字段,建立“销售业绩表”同“物品表”之间的关系。单击工具栏中“保存”按钮,关闭关系窗口。

(4) 通过获取外部数据完成此题。

步骤 1: 单击“外部数据”工具栏,在“导入并链接”区单击 Excel 按钮,弹出“获取外部数据”对话框,选中“通过创建链接表来链接到数据源”单选按钮;单击“浏览”按钮,在素材文件夹找到要导入的文件,然后选中 Test. xls 文件,单击“打开”按钮,再单击“确定”按钮。

步骤 2: 单击“下一步”按钮,选中“第一行包含列标题”复选框,单击“下一步”按钮。

步骤 3: 在“链接表名称”中输入 tTest,单击“完成”按钮。

(5) 通过窗体设计视图完成此题。

步骤 1: 单击浏览对象按钮,选择“所有 Access 对象”,右击窗体对象 fTest,从弹出的快捷菜单中选择【设计视图】菜单项。

步骤 2: 右击标题为“控件布局设计”的标签控件 bTitle,从弹出的快捷菜单中选择【属性】菜单项,在属性表窗口“格式”选项卡的“特殊效果”右侧下拉列表中选中“阴影”。

(6) 通过窗体设计视图完成此题。

步骤 1: 单击标题为 Button1 的 bt1 按钮,在属性表窗口中查看“左边距”、“宽度”和“高度”的数值并记录下来。

步骤 2: 单击 bt2 按钮,在“左边距”、“宽度”和“高度”行输入记录下的数值。

步骤 3：单击 bt3 按钮，在“左边距”、“宽度”和“高度”行输入记录下的数值，关闭属性窗口。

步骤 4：单击工具栏“保存”按钮，关闭 Access。

〖本题小结〗

本题涉及字段属性的设置；建立表间关系；创建外部数据源的链接表；窗体中命令按钮属性设置等操作，第(4)小题导入外部 Excel 表的数据相对较复杂。

第 11 题

在素材文件夹中的 samp1.accdb 数据库文件中已建立两个表对象(名为“员工表”和“部门表”)。请按以下要求，顺序完成表的各种操作：

(1) 将“员工表”的行高设为 15。

(2) 设置表对象“员工表”的年龄字段有效性规则为：大于 17 且小于 65(不含 17 和 65)；同时设置相应有效性文本为“请输入有效年龄”。

(3) 在表对象“员工表”的“年龄”和“职务”两字段之间新增一个字段，字段名称为“密码”，数据类型为文本，字段大小为 6；同时，要求设置输入掩码使其以星号方式(密码)显示。

(4) 冻结员工表中的姓名字段。

(5) 将表对象“员工表”数据导出到素材文件夹下，以文本文件形式保存，命名为 Test.txt。要求：第一行包含字段名称，各数据项间以分号分隔。

(6) 建立表对象“员工表”和“部门表”的表间关系，实施参照完整性。

〖解题思路〗

第(1)、(4)小题在数据表中设置行高和冻结字段；第(2)、(3)小题在设计视图中设置字段属性和添加新字段；第(5)小题右击表名选择【导出】菜单项；第(6)小题在关系窗口通过鼠标的拖曳来设置表间关系。

〖操作步骤〗

(1) 打开数据库 samp1.accdb。

步骤 1：在表对象“员工表”上双击，打开数据视图。

步骤 2：在行选择区右击，选择【行高】菜单项，在“行高”对话框中输入 15，单击“确定”按钮。

步骤 3：单击工具栏中的“保存”按钮。

(2) 通过表设计视图完成此题。

步骤 1：单击工具栏视图按钮，单击【设计视图】菜单项。

步骤 2：单击“年龄”字段行任一点，在“有效性规则”行输入“>17 And <65”，在“有效性文本”行输入“请输入有效年龄”。

(3) 通过表设计视图完成此题。

步骤 1：在“职务”字段行上右击，从弹出的快捷菜单中选择【插入行】菜单项。

步骤 2：在“字段名称”列输入“密码”，单击“数据类型”列，在“字段大小”行输入 6。

步骤 3：单击“输入掩码”右侧 ··· 按钮，在弹出的“输入掩码向导”对话框中选择“密码”行，单击“下一步”按钮，单击“完成”按钮。

步骤 4：单击工具栏中“保存”按钮。

(4) 通过数据表视图完成此题。

步骤 1：单击工具栏视图按钮，单击【数据表视图】菜单项。

步骤 2：选中“姓名”字段列，右击，从弹出的快捷菜单中选择【冻结字段】菜单项。

步骤 3：单击工具栏中“保存”按钮，关闭数据表视图。

(5) 通过导出，生成外部文本文件完成此题。

步骤 1：右击“员工表”，从弹出的快捷菜单中选择【导出】→【文本文件】菜单项。

步骤 2：在对话框中单击“浏览”按钮找到要放置文件的位置，在“文件名”文本框中将默认的“员工表.txt”改为“Test.txt”，单击“确定”按钮。在其后的向导对话框中单击“完成”按钮，最后单击“关闭”按钮。

(6) 通过数据库关系视图完成此题。

步骤 1：单击工具栏“数据库工具”下的“关系”按钮，在弹出的显示表窗口中，分别双击添加部门表和员工表，单击“关闭”按钮，关闭“显示表”对话框。

步骤 2：选中部门表中的“部门号”字段，拖动鼠标到员工表的“所属部门”字段，放开鼠标，选中“实施参照完整性”选项，然后单击“创建”按钮，如图 1-11-01 所示。

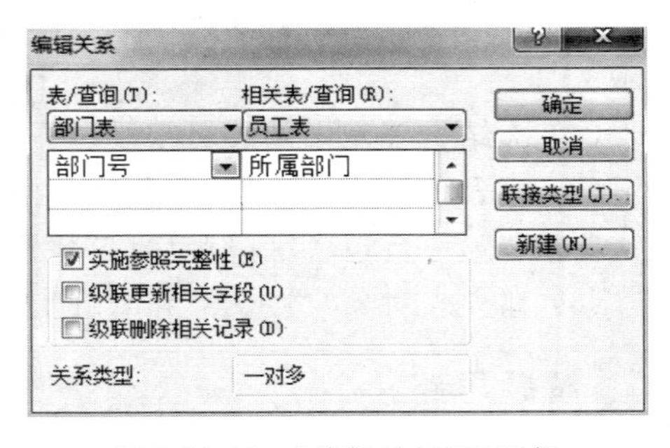

图 1-11-01 “编辑关系”对话框

步骤 3：单击工具栏中“保存”按钮，关闭“关系”窗口，并关闭 Access。

〖**本题小结**〗

本题涉及设置数据表视图显示行高，设置字段有效性文本、有效性规则，添加新字段，设置冻结字段、建立表间关系和导出数据等操作。其中第(2)小题设置年龄字段的有效性规则和第(5)小题将数据库表数据导出为文本文件相对较难。

第 12 题

在素材文件夹中的 samp1.accdb 数据库文件中已建立表对象 tEmp。请按以下操作要求，完成对表 tEmp 的编辑修改和操作：

(1) 将“编号”字段改名为“工号”，并设置为主键。

(2) 设置“年龄”字段的有效性规则为：不能是空值。

（3）设置“聘用时间”字段的默认值为系统当前年1月1日。

（4）删除表结构中的“简历”字段。

（5）将素材文件夹下samp0.mdb数据库文件中的表对象tTemp导入到samp1.accdb数据库文件中。

（6）完成上述操作后，在samp1.accdb数据库文件中对表对象tEmp备份，命名为tEL。

〖**解题思路**〗

第（1）小题修改字段并设置为主键，第（2）小题设置有效性规则，第（3）小题设置字段的默认值，第（4）小题删除字段，第（5）小题要获取外部数据，从外部一个数据库中导入表对象，第（6）小题单击“文件”菜单选择“对象另存为”。

〖**操作步骤**〗

（1）打开数据库samp1.accdb。

步骤1：右击表对象tEmp，在快捷菜单中选择【设计视图】菜单项，进入表结构设计视图。

步骤2：在“字段名称”列将“编号”改为“工号”，选中“工号”字段行，右击“工号”行选择【主键】菜单项，或单击工具栏“主键”按钮。

（2）通过表设计视图完成此题。

步骤1：单击“年龄”字段行任一点。

步骤2：在“有效性规则”行输入is not null，**注意此处不能直接输入“不能是空值”**。

（3）通过表设计视图完成此题。

步骤1：单击“聘用时间”字段行任一点。

步骤2：在“默认值”行输入“=DateSerial(Year(Date()),1,1)”。

（4）通过表设计视图完成此题。

步骤1：选中“简历”字段行。

步骤2：右击“简历”行，选择【删除行】菜单项，在弹出的对话框中选“是”按钮。

步骤3：单击工具栏中“保存”按钮，关闭设计视图。

（5）通过获取外部数据完成此题。

步骤1：单击“外部数据”工具栏，单击Access按钮，弹出“获取外部数据”对话框。

步骤2：在对话框中选中单选按钮“将表、查询、窗体、报表、宏和模块导入当前数据库”，单击“浏览”按钮，找到数据库文件samp0.mdb，单击“确定”按钮，弹出“导入对象”对话框。

步骤3：在表选项卡的列表中，选中tTemp，单击“确定”按钮，最后单击“关闭”按钮。

（6）通过“对象另存为”完成此题。

步骤1：单击选中表对象tEmp，单击“文件”菜单，选择【对象另存为】菜单项，弹出“另存为”对话框，如图1-12-01所示。

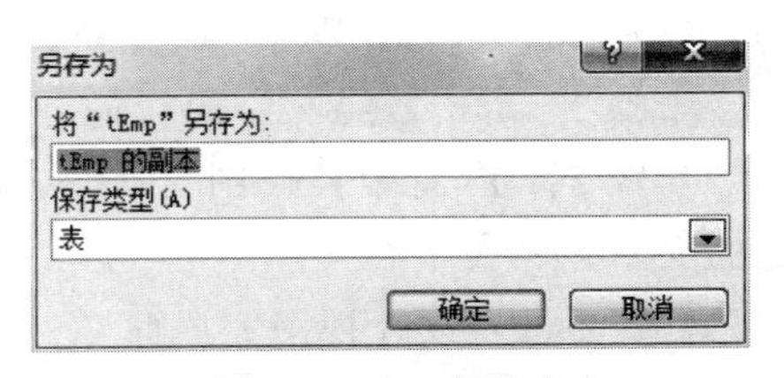

图1-12-01　备份表

步骤 2：在文本框中输入 tEL，单击“确定”按钮，关闭 Access。

〖本题小结〗

本题涉及修改字段、删除字段、设置字段有效性属性和默认值属性、从另一 Access 数据库导入数据表等操作。其中第(2)小题年龄字段非空的表达、第(3)小题默认值的表达要用到日期函数等是本题的难点。

第 13 题

在素材文件夹中有一个数据库文件 samp1. accdb，里面已经设计好表对象 tEmployee。请按以下要求，完成表的编辑。

(1) 根据 tEmployee 表的结构，判断并设置主键。

(2) 设置“性别”字段的“有效性规则”属性为：只能输入“男”或“女”。

(3) 设置“年龄”字段的输入掩码为只能输入两位数字，并设置其默认值为 19。

(4) 删除表结构中的“照片”字段，并删除表中职工编号为 000004 和 000014 的两条记录。

(5) 使用查阅向导建立“职务”字段的数据类型，向该字段键入的值为“职员”、“主管”或“经理”等固定常数。

(6) 在编辑完的表中追加以下新记录：

编号	姓名	性别	年龄	职务	所属部门	聘用时间	简　历
000031	刘红	女	25	职员	02	2014-9-3	熟悉软件开发

〖解题思路〗

第(1)、(2)、(3)、(5)小题在设计视图中设置字段属性和删除字段；第(4)、(6)小题在数据表中删除记录和添加记录。

〖操作步骤〗

(1) 打开数据库文件 samp1. accdb，在导航窗口显示出所有 Access 对象。

步骤 1：右击表对象 tEmployee，在快捷菜单中选择【设计视图】菜单项。

步骤 2：在设计视图中，右击“编号”行，在快捷菜单中选择【主键】菜单项。

(2) 通过表设计视图完成此题。

步骤 1：单击“性别”字段行任一点。

步骤 2：在“有效性规则”行输入“in("男","女")”，**注意此处不能直接输入题目中给定的文本。**

(3) 通过表设计视图完成此题。

步骤 1：单击“年龄”字段行任一点。

步骤 2：在“输入掩码”行输入 00，在“默认值”行输入 19。

(4) 通过表设计视图完成此题。

步骤 1：选中“照片”字段行，右击“照片”行，在弹出的快捷菜单中选择【删除行】菜单项，在弹出的对话框中单击“是”按钮。

步骤 2：单击工具栏中“保存”按钮，在弹出的对话框中单击“是”按钮。

步骤 3：单击左上角工具栏“视图”按钮，切换到数据表视图。单击选择区选中职工编号为 000004 的数据行，右击该行，选择【删除记录】菜单项，在弹出的对话框中单击“是”按钮。

步骤 4：按步骤 3 删除职工编号为 000014 的另一条记录。

步骤 5：单击工具栏中“保存”按钮。

(5) 通过查阅向导完成此题。

步骤 1：单击左上角工具栏“视图”按钮，切换到设计视图。

步骤 2：在“职务”字段的“数据类型”下拉列表中选中“查阅向导”，在弹出的“查阅向导”对话框中选中“自行键入所需的值”单选框，单击“下一步”按钮；在光标处输入“职员”、“主管”和“经理”，如图 1-13-01 所示；单击“下一步”按钮，单击“完成”按钮。

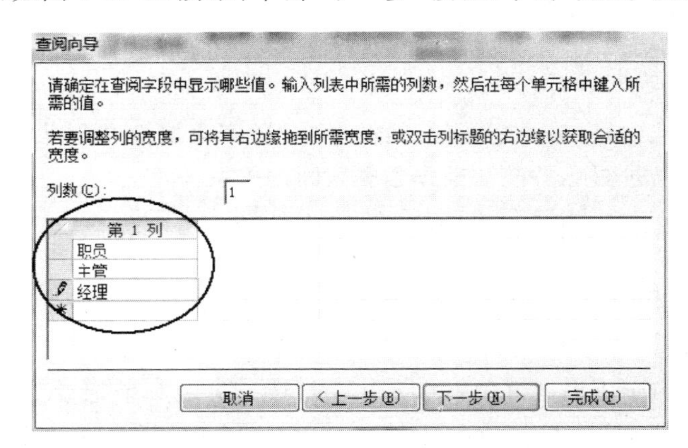

图 1-13-01　输入职务字段查阅项的值

步骤 3：单击工具栏中“保存”按钮。

(6) 通过数据表视图完成此题。

步骤 1：单击左上角工具栏“视图”按钮，切换到数据表视图。

步骤 2：按题目中给定的内容输入，创建新记录。

步骤 3：单击“保存”按钮，并关闭 Access。

〖本题小结〗

本题涉及在设计视图设置主键、字段默认值、输入掩码、删除字段等操作和在数据表视图删除记录、添加记录等操作。第(5)小题使用查阅向导建立职务字段的数据类型，第(2)小题中要把性别字段的有效性规则理解成正确的表达式，是本题的难点。

第 14 题

在素材文件夹中，存在一个数据库文件 samp1.accdb。在数据库文件中已经建立了 5 个表对象：tOrder、tDetail、tEmployee、tCustom 和 tBook。试按以下步骤要求，完成各种操作：

(1) 分析 tOrder 表对象的字段构成，判断并设置其主键。

(2) 设置 tDetail 表中“订单明细 ID”字段和“数量”字段的相应属性，使“订单明细 ID”字段在数据表视图中的显示标题为“订单明细编号”，将“数量”字段取值大于 0。

(3) 删除 tBook 表中的“备注”字段；并将“类别”字段的“默认值”属性设置为“计算机”。

(4) 为 tEmployee 表中“性别”字段创建查阅列表，列表中显示“男”和“女”两个值。

(5) 将 tCustom 表中“邮政编码”和“电话号码”两个字段的数据类型改为“文本”，将“邮政编码”字段的“输入掩码”属性设置为“邮政编码”，将“电话号码”字段的输入掩码属性设置为 010-××××××××，其中，×为数字位，且只能是 0～9 之间的数字。

(6) 建立 5 个表之间的关系。

〖解题思路〗

第(1)、(2)、(3)、(4)、(5)小题在设计视图中设置字段属性和删除字段；第(6)小题在关系窗口添加表并通过鼠标的拖动操作建立表间的关系。

〖操作步骤〗

(1) 打开数据库文件 samp1.accdb，在导航窗口显示出所有 Access 对象。

步骤 1：右击表对象 tOrder，在快捷菜单中选【设计视图】菜单项。

步骤 2：在 tOrder 表中，“订单 ID”字段可以唯一决定一条记录，要设置该字段为主键。选中“订单 ID”行，右击该行，在快捷菜单中选中【主键】菜单项。

步骤 3：单击“保存”按钮，并关闭设计视图。

(2) 通过表设计视图完成此题。

步骤 1：右击表对象 tDetail，单击快捷菜单中的【设计视图】菜单项。

步骤 2：单击“订单明细 ID”字段行，在“标题”行输入“订单明细编号”。单击“数量”字段行，在“有效性规则”行输入>0。

步骤 3：单击“保存”按钮，并关闭设计视图。

(3) 通过表设计视图完成此题。

步骤 1：右击表对象 tBook，进入表结构设计视图。

步骤 2：选中“备注”字段行，右击“备注”行，在快捷菜单中选【删除行】菜单项，在弹出的对话框中单击“是”按钮。

步骤 3：单击“类别”字段行，在“默认值”行中输入“计算机”。

步骤 4：单击“保存”按钮，并关闭设计视图。

（4）通过查阅向导完成此题。

步骤1：右击表对象 tEmployee，进入表结构设计视图。

步骤2：单击“性别”字段的“数据类型”列，在列表中选“查阅向导”，在弹出的“查阅向导”对话框中选中“自行键入所需要的值”单选按钮，单击“下一步”按钮。

步骤3：在弹出的对话框中依次输入“男”、“女”，单击“下一步”按钮，最后单击“完成”按钮，如图 1-14-01 所示。

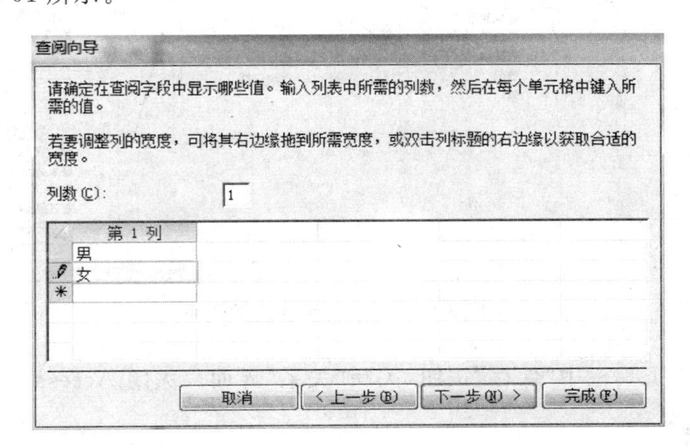

图 1-14-01　输入性别字段查阅项的值

步骤4：单击“保存”按钮，并关闭设计视图。

（5）通过表设计视图完成此题。

步骤1：右击表对象 tCustom，进入表结构设计视图。

步骤2：在“邮政编码”行的“数据类型”列的列表中选中“文本”，同样方法设置“电话号码”字段。

步骤3：单击“邮政编码”字段，在“输入掩码”行右侧单击 ··· 按钮，在“输入掩码向导”中选择“邮政编码”，单击“完成”按钮。单击“电话号码”字段行，在“输入掩码”行输入“010-”00000000，单击“保存”按钮，关闭设计视图。

（6）通过数据库关系视图完成此题。

步骤1：单击“数据库工具”栏下的“关系”按钮，弹出“关系”窗口，在该窗口内部右击，选择【显示表】菜单项，在显示表窗口分别添加表 tOrder、tDetail、tEmployee、tCustom 和 tBook，单击“关闭”按钮，关闭显示表对话框。

步骤2：将表 tBook 中“书籍号”字段拖动到表 tDetail 中“书籍号”字段，放开鼠标，在弹出的对话框中选中“实施参照完整性”复选框，单击“创建”按钮。

步骤3：单击表 tCustom 中“客户号”字段，拖动到表 tOrder 中“客户号”字段，放开鼠标，在弹出的对话框中选中“实施参照完整性”复选框，单击“创建”按钮。

步骤4：单击表 tOrder 中“订单 ID”字段拖动到表 tDetail 中“订单 ID”字段，放开鼠标，在弹出的对话框中选中“实施参照完整性”复选框，单击“创建”按钮。

步骤5：单击表 tEmployee 中“雇员号”字段拖动到表 tOrder 中“雇员号”字段，放开鼠标，在弹出的对话框中选中“实施参照完整性”复选框，单击“创建”按钮。创建的关系如图 1-14-02 所示。

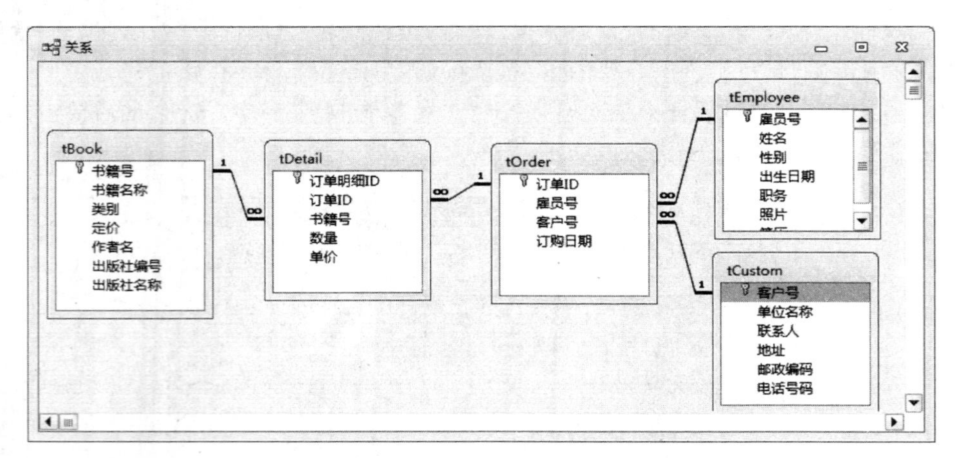

图 1-14-02　5 张表间创建的关系

步骤 6：单击工具栏中“保存”按钮，关闭“关系”界面。关闭 Access。

〖本题小结〗

本题涉及在设计视图中删除字段、设置字段有效性规则、设置字段查阅向导、输入掩码以及建立表间关系等操作，其中第(5)小题创建电话号码的输入掩码和第(6)小题由于表较多，建立表间关系相对复杂，是本题的难点。

第 15 题

在素材文件夹中，samp1. accdb 数据库文件中已建立两个表对象（名为“员工表”和“部门表”）。试按以下要求，完成表的各种操作：

(1) 分析两个表对象“员工表”和“部门表”的构成，判断其中的外键属性，将其属性名称作为“员工表”的对象说明内容进行设置。

(2) 将“员工表”中有摄影爱好的员工其“备注”字段的值设为 True（即复选框打上钩）。

(3) 删除员工表中年龄超过 55 岁（不含 55）的员工记录。

(4) 将素材文件夹下文本文件 Test. txt 中的数据导入追加到当前数据库的“员工表”相应字段中。

(5) 设置相关属性，使表对象“员工表”中密码字段最多只能输入五位 0～9 的数字。

(6) 建立“员工表”和“部门表”的表间关系，并实施参照完整。

〖解题思路〗

第(1)小题要在表设计视图中打开“属性表”窗口，在其中输入外键，第(2)小题和第(3)小题都在相应字段的筛选目标中输入相应的条件，第(4)小题通过获取外部数据来导入数据，第(5)小题设置字段的输入掩码，第(6)小题通过拖动操作，创建两表间的关系。

〖**操作步骤**〗

(1) 打开数据库文件 samp1. accdb，在导航窗口显示出所有 Access 对象。

分析：分别打开“员工表”和“部门表”的设计视图，可以看到这两个表有公共属性“部门号”，而“员工表”中的“部门号”字段就是“部门表”中的主键，所以“员工表”中的“部门号”字段是外键。

步骤 1：选择表对象“员工表”，单击工具栏“设计”按钮，进入表结构设计视图。

步骤 2：在设计视图中右击，在弹出的快捷菜单中选择【属性】菜单项，弹出“属性表”窗口。

步骤 3：在“属性表”窗口中的“常规”选项卡下的“说明”中输入“部门号”，如图 1-15-01 所示。

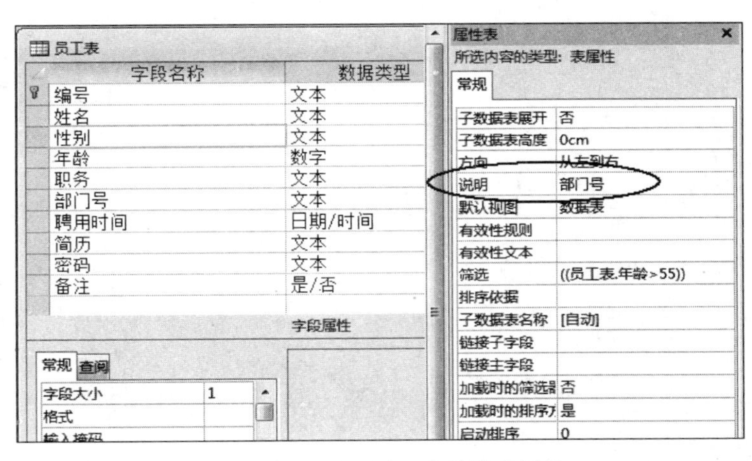

图 1-15-01　设置员工表的说明属性

步骤 4：单击工具栏中的“保存”按钮，保存“员工表”设计，关闭“员工表”设计视图。

(2) 通过数据表视图完成此题。

步骤 1：在表对象中双击打开“员工表”。

步骤 2：在员工表的“简历”字段列任意位置右击，在快捷菜单中选择【文本筛选器】菜单项，再选择【包含】菜单项，在“自定义筛选”对话框中填入“ * 摄影 * ”，如图 1-15-02 所示，然后单击“确定”按钮。

步骤 3：在筛选出的记录的“备注”字段的复选框中打上钩。

步骤 4：单击工具栏上的“保存”按钮，保存“员工表”，关闭“员工表”数据视图。

(3) 通过数据表视图完成此题。

步骤 1：在表对象中双击打开“员工表”。

步骤 2：在“员工表”的年龄字段列的任意位置右击，在快捷菜单中选择【数字筛选器】菜单项，再选择【大于】菜单项，在“自定义筛选”对话框中填入 56，注意不能输入“＞＝

56”,如图 1-15-03 所示,然后单击“确定”按钮。

图 1-15-02 自定义筛选文本对话框

图 1-15-03 自定义筛选数值对话框

步骤 3:将筛选出的记录全部选中,单击“记录”工具栏的“删除”按钮,在弹出的对话框中单击“是”按钮,单击“保存”按钮保存该表,并关闭数据表视图。

(4) 通过获取外部数据完成此题。

步骤 1:单击“外部数据”菜单,单击“文本文件”按钮,打开“获取外部数据-文本文件”对话框。

步骤 2:单击“浏览”按钮,找到 Test. txt 文件,单击“向表中追加一份记录的副本”单选按钮,在组合框中选择“员工表”,如图 1-15-04 所示,单击“确定”按钮。

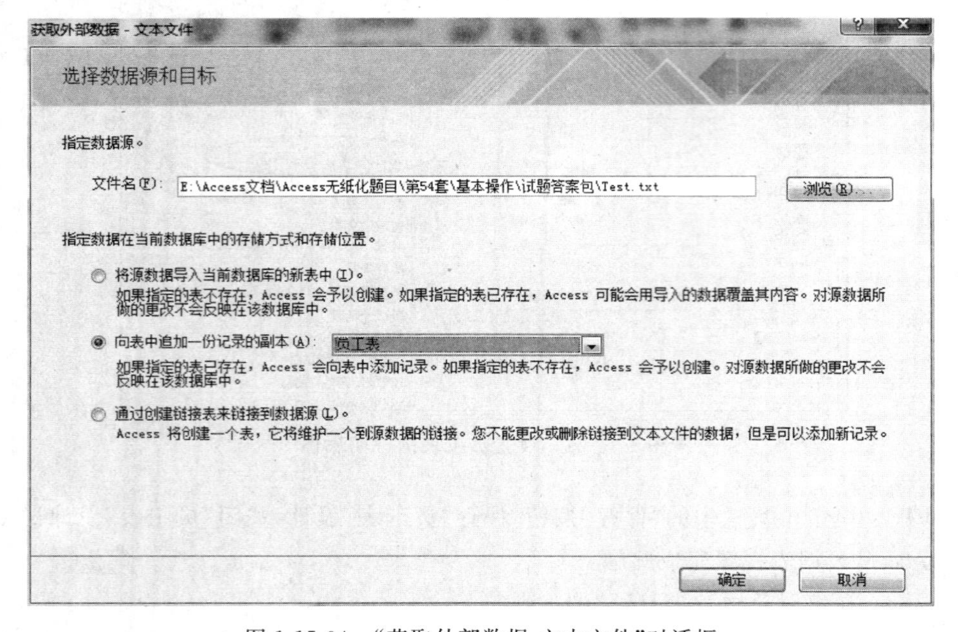

图 1-15-04 “获取外部数据-文本文件”对话框

步骤 3:在“导入文本向导”对话框单击“下一步”按钮,选中“第一行包含字段名称”复选框,再单击“下一步”按钮,单击“完成”按钮,最后单击“关闭”按钮。

步骤 4:在导航窗口双击“员工表”,在最后几条刚添加记录的“部门号”字段的数字前加 0,保证该字段是两位数字。此步骤是为第(6)小题正确创建两表间的关系而做的,不修改的话,则不能创建关系。

(5) 通过表设计视图完成此题。

在表对象列表中右击“员工表”,单击【设计视图】菜单项,进入表设计视图,选择“密码”字段,在输入掩码中输入 00000,保存并关闭该表。

（6）通过数据库关系视图完成此题。

步骤1：选择“数据库工具”菜单，单击“关系”按钮，在“显示表”对话框中分别双击“部门表”和“员工表”，以添加到关系窗口，单击“关闭”按钮关闭“显示表”对话框。

步骤2：将“部门表”中的“部门号”字段拖动到“员工表”中的“部门号”的位置上，在弹出的对话框中选择“实施参照完整性”复选框，如图1-15-05所示，单击“创建”按钮，保存关系。

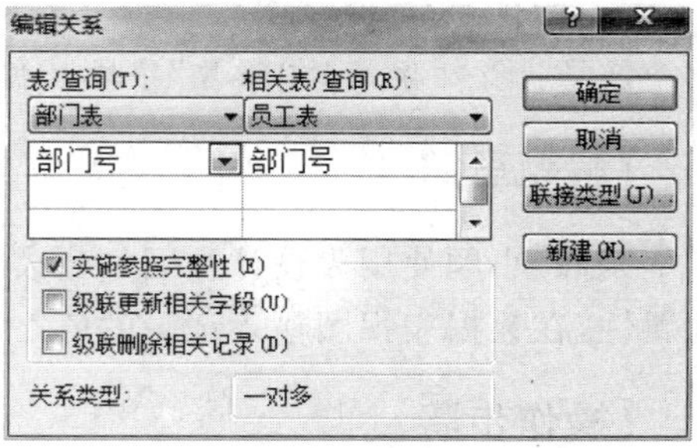

图1-15-05 “编辑关系”对话框

〖本题小结〗

本题涉及外键的判断、在数据表视图中显示符合字段值的记录、删除表记录、获取外部数据、表之间关系的创建等。第(2)、(3)小题显示符合条件的记录要注意正确地输入条件，第(4)小题导入外部文本文件中的数据，步骤较多，且为保证第(6)小题的完成需要改变部门号字段的值，需要特别注意。

第16题

（1）在素材文件夹中，samp1.accdb数据库文件中建立表tTeacher，表结构如下：

字段名称	数据类型	字段大小	格式
编号	文本	5	
姓名	文本	4	
性别	文本	1	
年龄	数字	整型	
工作时间	日期/时间		短日期
职称	文本	5	
联系电话	文本	12	
在职否	是/否		是/否
照片	OLE对象		

（2）判断并设置tTeacher的主键。

（3）设置“工作时间”字段的默认值属性为系统日期的第二年1月1日（规定：系统日期必须由函数获取）。

（4）设置“年龄”字段的有效性规则为非空且非负。

（5）设置“编号”字段的输入掩码为只能输入5位，规定必须以字母A开头、后4位为数字。

（6）在tTeacher表中输入以下一条记录：

编 号	姓 名	性 别	年 龄	工作时间	职 称	联系电话	在职否	照 片
A2016	李丽	女	32	1992-9-3	讲师	010-62392774	√	位图图像

注意：教师李丽的“照片”字段数据设置为素材文件夹中的“李丽.bmp”图像文件。

〖**解题思路**〗

第(1)小题使用表设计视图创建表，第(2)、(3)、(4)、(5)小题在设计视图中设置字段的属性，在数据表视图输入记录的值。

〖**操作步骤**〗

(1) 打开数据库文件 samp1.accdb。

单击“创建”菜单中“表格”组的“表设计”按钮，打开表设计视图，根据题目提供的表格建立表结构，输入字段名称及设置相应字段的数据类型和属性。

(2) 通过表设计视图完成此题。

在表设计视图中右击“编号”字段，选择【主键】菜单项。保存表为 tTeacher。

(3) 通过表设计视图完成此题。

选择“工作时间”字段，在“默认值”行输入：

```
=DateSerial(Year(Date())+1,1,1)
```

(4) 通过表设计视图完成此题。

选择“年龄”字段，在“有效性规则”行输入“Is Not Null and>=0”。

(5) 通过表设计视图完成此题。

选择“编号”字段，在“输入掩码”行输入"A"0000。单击“保存”按钮，切换表设计视图到数据表视图。

(6) 通过数据表视图完成此题。

双击 tTeacher 打开数据表视图，按题目中要求输入给定的数据，在“照片”字段右击，选择【插入对象】菜单项，在打开的对话框中选中“由文件创建”单选按钮，单击“浏览”按钮，找到图片文件“李丽.bmp”，单击“确定”按钮，如图 1-16-01 所示。单击工具栏“保存”按钮，关闭数据表视图。退出 Access。

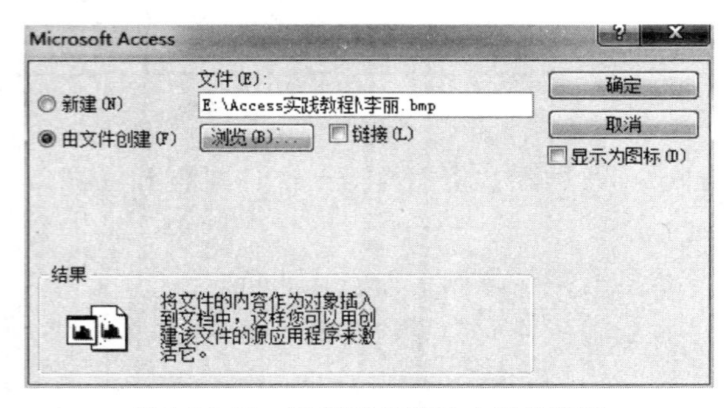

图 1-16-01　选择图文件输入图片字段

〖**本题小结**〗

本题涉及创建表，设置字段的属性，输入记录的数据等操作。其中，第(3)小题设置工作时间的默认值用到了日期函数，第(4)小题设置年龄字段的有效性规则的表达式相对复杂，是本题的难点。

第二部分

简单应用题

第 01 题

素材文件夹中存在一个数据库文件 samp2. accdb，里面已经设计好表对象 tCourse、tScore 和 tStud，试按以下要求完成设计。

(1) 创建一个查询，查找党员记录，并显示“姓名”、“性别”和“入校时间”三列信息，所建查询命名为 qT1。

(2) 创建一个查询，当运行该查询时，屏幕上显示提示信息：“请输入要比较的分数：”，输入要比较的分数后，该查询查找学生选课成绩的平均分大于输入值的学生信息，并显示“学号”和“平均分”两列信息，所建查询命名为 qT2。

(3) 创建一个交叉表查询，统计并显示各班每门课程的平均成绩，统计显示结果如图 2-01-01 所示(要求：直接用查询设计视图建立交叉表查询，不允许用其他查询做数据源)，所建查询命名为 qT3。

qT3: 交叉表查询

班级编号	高等数学	计算机原理	专业英语
19991021	68	73	81
20001022	73	73	75
20011023	74	76	74
20041021			72
20051021			71
20061021			67

记录：1 共有记录数：6

图 2-01-01　交叉表查询

(4) 创建一个查询，运行该查询后生成一个新表，表名为 tNew，表结构包括“学号”、“姓名”、“性别”、“课程名”和“成绩”5 个字段，表内容为 90 分以上(包括 90 分)或不及格的所有学生记录，并按课程名降序排序，所建查询命名为 qT4。要求创建此查询后，运行该查询，并查看运行结果。

〖解题思路〗

第(1)小题是简单条件查询设计，第(2)小题是根据输入运行的参数查询设计，第(3)小题是交叉表查询设计，第(4)小题是涉及多表的生成表查询设计。

〖**操作步骤**〗

(1) 打开数据库文件 samp2.accdb。

步骤 1：单击“创建”工具栏下的“查询设计”按钮，在打开的“显示表”对话框中双击 tStud，关闭“显示表”窗口，然后分别双击“姓名”、“性别”、“入校时间”和“政治面目”字段。

步骤 2：在“政治面目”字段的“条件”行中输入“党员”，并取消该字段“显示”复选框的勾选，查询设计视图如图 2-01-02 所示。

步骤 3：单击工具栏中的“保存”按钮，将查询保存为 qT1，运行并退出查询。

(2) 通过查询设计视图完成此题。

步骤 1：单击“创建”工具栏下的“查询设计”按钮，在打开的“显示表”对话框中双击“tScore”，关闭“显示表”窗口，然后分别双击“学号”和“成绩”字段。

步骤 2：将“成绩”字段改为“平均分：成绩”，选择“查询工具”栏中的“汇总”按钮，在设计视图的“总计”行中选择该字段的“平均值”，在“条件”行输入“>[请输入要比较的分数：]”，查询设计视图如图 2-01-03 所示。

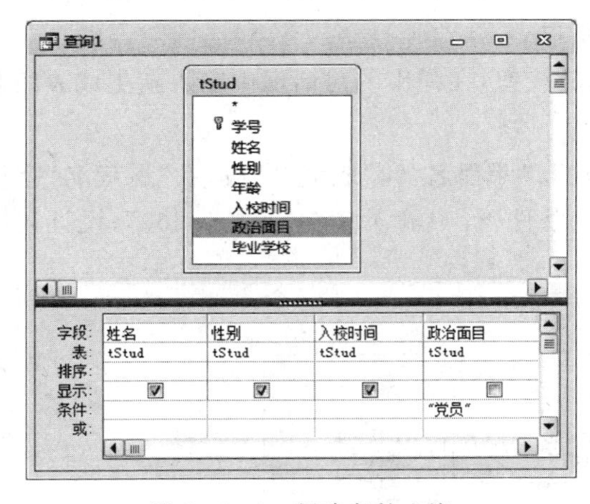

图 2-01-02　创建条件查询

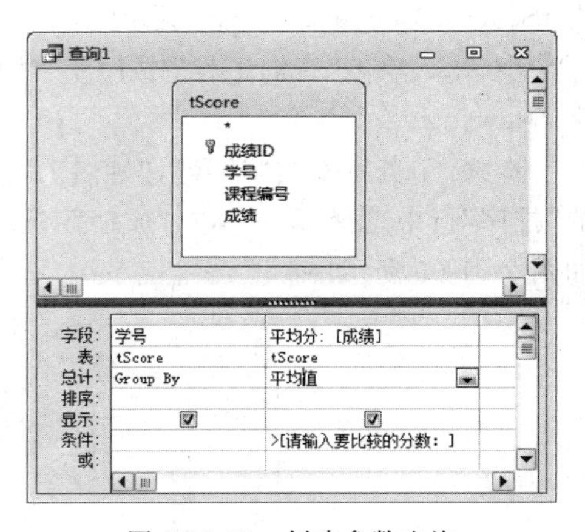

图 2-01-03　创建参数查询

步骤 3：单击工具栏中的“保存”按钮，将查询保存为 qT2，运行并退出查询。

(3) 通过查询设计视图完成此题。

步骤 1：单击“创建”工具栏下的“查询设计”按钮，在打开的“显示表”对话框中双击 tScore 和 tCourse，关闭“显示表”窗口。

步骤 2：单击“查询工具”栏下的“交叉表”按钮。然后分别双击“学号”、“课程名”和“成绩”字段。

步骤 3：修改字段“学号”为“班级编号：left([tScore]![学号],8)”；将“成绩”字段改为“round(avg([成绩]))”，并在“总计”行中选择 Expression。分别在“班级编号”、“课程名”和“成绩”字段的“交叉表”行中选择“行标题”、“列标题”和“值”，查询设计视图如图 2-01-04 所示。

步骤 4：单击工具栏中的“保存”按钮，将查询保存为 qT3，运行并退出查询。

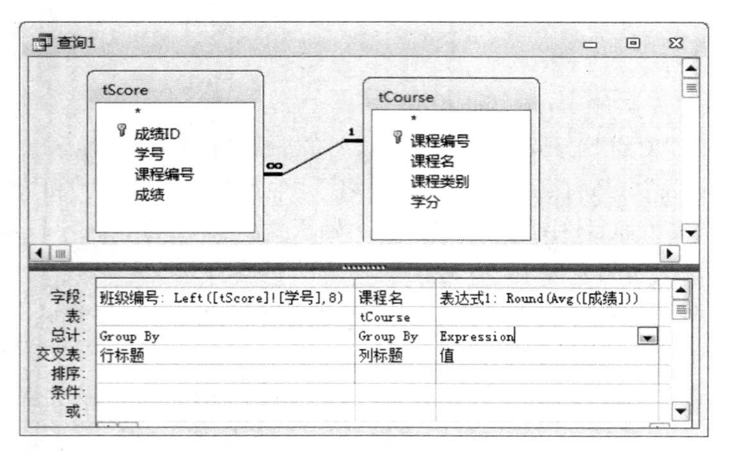

图 2-01-04　创建交叉表查询

（4）通过查询设计视图完成此题。

步骤 1：单击“创建”工具栏下的“查询设计”按钮，在打开的“显示表”对话框中分别双击 tScore、tStud 和 tCourse，关闭“显示表”窗口。

步骤 2：单击“查询工具”栏中的“生成表”按钮，在弹出的对话框中输入新生成表的名字 tNew。

步骤 3：分别双击“学号”、“姓名”、“性别”、“课程名”和“成绩”字段，在“课程名”字段的“排序”行中选择“降序”，在“成绩”字段的“条件”行中输入“＞＝90 or ＜60”，设计视图如图 2-01-05 所示。

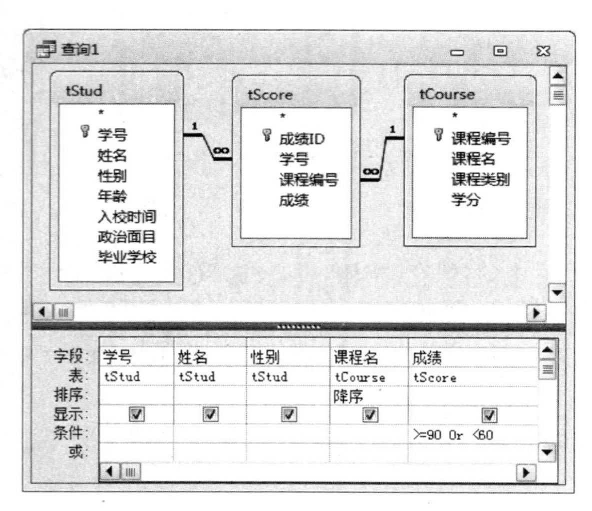

图 2-01-05　创建链接查询

步骤 4：单击工具栏中的“保存”按钮，将查询保存为 qT4，运行并退出查询。

注意：由于是生成表查询，一定要运行该查询。

〖本题小结〗

本题比较典型，涉及常用的 4 种查询设计：创建条件查询、参数查询、交叉表查询和生成表查询，其中第(3)小题从学号字段中提取班级编号和求取平均成绩是难点，用到字符串函数 Left()、数值函数 Round()和 Avg()。

第 02 题

素材文件夹中有一个数据库文件 samp2. accdb，其中存在已经设计好的一个表对象 tTeacher。请按以下要求完成设计：

(1) 创建一个查询，计算并输出教师最大年龄与最小年龄的差值，显示标题为 m_age，将查询命名为 qT1。

(2) 创建一个查询，查找并显示具有研究生学历的教师的“编号”、“姓名”、“性别”和“系别”4 个字段内容，将查询命名为 qT2。

(3) 创建一个查询，查找并显示年龄小于等于 38、职称为副教授或教授的教师的“编号”、“姓名”、“年龄”、“学历”和“职称”5 个字段，将查询命名为 qT3。

(4) 创建一个查询，查找并统计在职教师按照职称进行分类的平均年龄，然后显示出标题为“职称”和“平均年龄”的两个字段内容，将查询命名为 qT4。

〖解题思路〗

第(1)小题使用数值函数 Max()和 Min()来求解年龄差值，第(2)小题创建简单查询，第(3)小题创建多条件的简单查询，第(4)小题创建分组查询。

〖操作步骤〗

(1) 打开数据库文件 samp2. accdb。

步骤 1：单击“创建”工具栏下的“查询设计”按钮以新建查询，在“显示表”对话框中添加表 tTeacher，关闭“显示表”对话框。

步骤 2：在字段行输入：“m_age：Max([tTeacher]![年龄]－Min([tTeacher]![年龄])”，单击“显示”行的复选框使字段显示，如图 2-02-01 所示。运行查询，单击工具栏中“保存”按钮，另存为 qT1，关闭设计视图。

注意：也可以不输入“[tTeacher]!”。

(2) 通过查询设计视图完成此题。

步骤 1：同上题步骤 1。

步骤 2：双击“编号”、“姓名”、“性别”、“系别”、“学历”字段，在“学历”字段的条件行输入“研究生”，取消“学历”字段的显示的勾选，如图 2-02-02 所示。运行查询，单击工具栏中“保存”按钮，另存为 qT2，关闭设计视图。

(3) 通过查询设计视图完成此题。

步骤 1：同上题步骤 1。

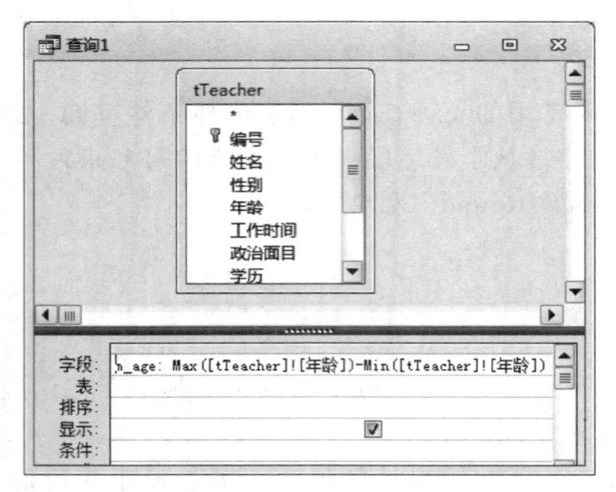

图 2-02-01　最大年龄与最小年龄差值的表达

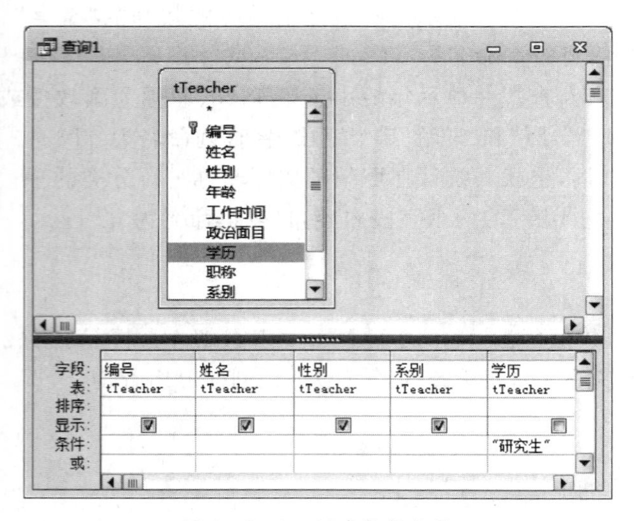

图 2-02-02　创建条件查询

步骤 2：双击"编号"、"姓名"、"年龄"、"学历"、"职称"字段，在"年龄"字段的条件行输入"<=38"，在"职称"的条件行输入""教授" or "副教授""。运行查询，单击工具栏中"保存"按钮，另存为 qT3，关闭设计视图。

(4) 通过查询设计视图完成此题。

步骤 1：同上题步骤 1。

步骤 2：双击"职称"、"年龄"、"在职否"字段，单击工具栏上"汇总"按钮，在"年龄"字段的"总计"行选择"平均值"，在"年龄"字段前添加"平均年龄:"字样，在"在职否"的条件行输入 True。运行查询，单击工具栏中"保存"按钮，另存为 qT4，关闭设计视图。

〖本题小结〗

本题涉及创建条件查询和分组总计查询，在设计中要注意查询字段的命名和显示等。使用数值函数 Max()和 Min()求解年龄差值是难点。

第 03 题

素材文件夹中有一个数据库文件 samp2. accdb，其中存在已经设计好的两个表对象 tEmployee 和 tGroup。请按以下要求完成设计：

(1) 创建一个查询，查找并显示没有运动爱好的职工的“编号”、“姓名”、“性别”、“年龄”和“职务”5 个字段内容，将查询命名为 qT1。

(2) 建立 tGroup 和 tEmployee 两表之间的一对多关系，并实施参照完整性。

(3) 创建一个查询，查找并显示聘期超过 5 年(使用函数)的开发部职工的“编号”、“姓名”、“职务”和“聘用时间”4 个字段内容，将查询命名为 qT2。

(4) 创建一个查询，检索职务为经理的职工的“编号”和“姓名”信息，然后将两列信息合二为一输出(比如，编号为 000011、姓名为“吴大伟”的数据输出形式为“000011 吴大伟”)，并命名字段标题为“管理人员”，将查询命名为 qT3。

〖解题思路〗

第(1)、(3)、(4)小题在查询设计视图中创建条件查询，在“条件”行按题目要求填写条件表达式；第(2)小题在关系界面中建立表间关系。

〖操作步骤〗

(1) 打开数据库文件 samp2. accdb。

步骤 1：单击“创建”工具栏下的“查询设计”按钮以新建查询，在“显示表”对话框中添加表 tEmployee，关闭“显示表”对话框。

步骤 2：双击“编号”、“姓名”、“性别”、“年龄”、“职务”、“简历”字段，取消“简历”字段的显示，在下面的条件行中输入“Not Like " * 运动 * "”，如图 2-03-01 所示。运行该查询，单击工具栏中“保存”按钮，将查询另存为 qT1，关闭设计视图。

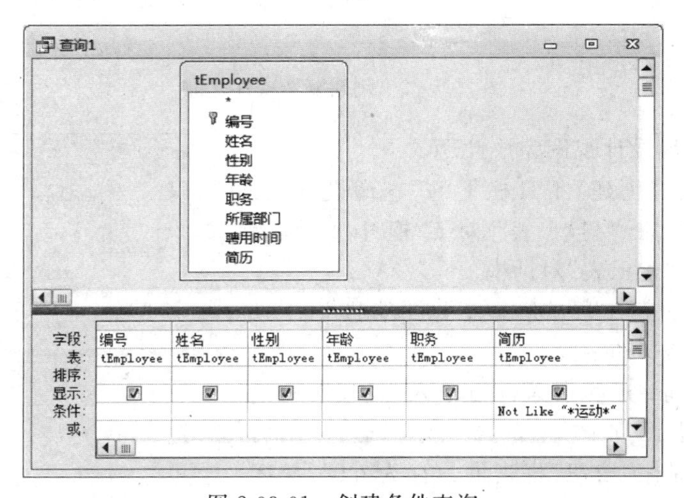

图 2-03-01　创建条件查询

（2）通过数据库关系视图完成此题。

步骤 1：单击菜单栏【数据库工具】菜单项中的“关系”按钮，弹出“关系”窗口，在该窗口中右击，选择【显示表】菜单项，分别添加表 tGroup 和 tEmployee，关闭显示表对话框。

步骤 2：选中表 tGroup 中的“部门编号”字段，拖动到表 tEmployee 的“所属部门”字段，放开鼠标，单击“实施参照完整性”选项，然后单击“创建”按钮，如图 2-03-02 所示。单击工具栏中“保存”按钮，关闭“关系”窗口。

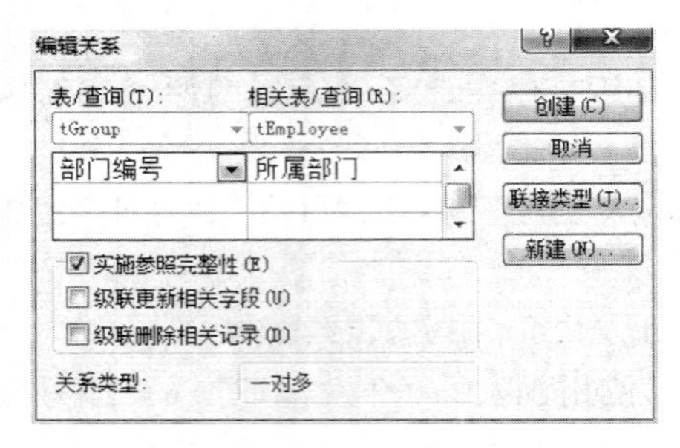

图 2-03-02　创建两表间关系

（3）通过查询设计视图完成此题。

步骤 1：单击“创建”工具栏下的“查询设计”按钮以新建查询，在“显示表”对话框中添加表 tGroup 和 tEmployee，关闭“显示表”对话框。

步骤 2：双击“编号”、“姓名”、“职务”、“名称”、“聘用时间”字段，在“名称”字段条件行输入“"开发部"”，添加新字段“Year(Date())－Year([聘用时间])”，在条件行中输入>5，取消该字段和“名称”字段的显示，如图 2-03-03 所示。运行该查询，单击工具栏中“保存”按钮，将查询另存为 qT2，关闭设计视图。

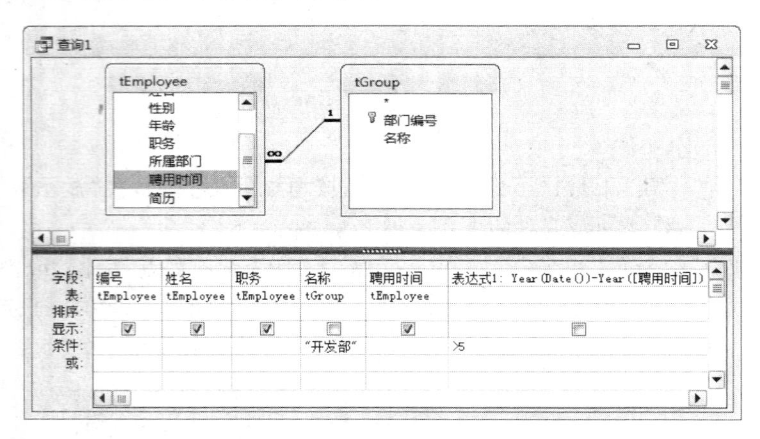

图 2-03-03　创建复杂条件查询

（4）通过查询设计视图完成此题。

步骤 1：单击“创建”工具栏下的“查询设计”按钮以新建查询，在“显示表”对话框中添加表 tEmployee，关闭“显示表”对话框。

步骤 2：添加新字段“管理人员:[编号]＋[姓名]”，双击添加“职务”字段。

步骤 3：在“职务”字段条件行输入“经理”，取消“职务”字段的显示，如图 2-03-04 所示。运行查询，单击工具栏中“保存”按钮，将查询另存为 qT3，关闭设计视图。

图 2-03-04　创建新增字段查询

〖本题小结〗

本题涉及创建条件查询和建立表间关系等操作，要注意新字段的创建和条件表达式的正确书写，第(3) 小题中正确创建聘期大于 5 年的条件表达是本题的难点。

第 04 题

素材文件夹中有一个数据库文件 samp2. accdb，其中存在已经设计好的 3 个关联表对象 tStud、tCourse 和 tScore 及表对象 tTemp。请按以下要求完成设计：

(1) 创建一个查询，查找并显示学生的“姓名”、“课程名”和“成绩”3 个字段内容，将查询命名为 qT1。

(2) 创建一个查询，查找并显示有摄影爱好的学生的“学号”、“姓名”、“性别”、“年龄”和“入校时间”5 个字段内容，将查询命名为 qT2。

(3) 创建一个查询，查找学生的成绩信息，并显示“学号”和“平均成绩”两列内容。其中“平均成绩”一列数据由统计计算得到，将查询命名为 qT3。

(4) 创建一个查询，将 tStud 表中女学生的信息追加到 tTemp 表对应的字段中，将查询命名为 qT4。

〖解题思路〗

第(1)小题创建基于多表的链接查询，第(2)小题创建带有模糊条件的条件查询，第(3)小题创建分组统计查询，第(4)小题创建追加查询。

〖操作步骤〗

(1) 打开数据库文件 samp2. accdb。

步骤 1：单击“创建”工具栏下的“查询设计”按钮以新建查询，在“显示表”对话框中添加表 tStud、tScore、tCourse，关闭“显示表”对话框。

步骤 2：双击添加“姓名”、“课程名”、“成绩”字段，运行该查询，单击工具栏中的“保存”按钮，另存为 qT1。关闭设计视图。

(2) 通过查询设计视图完成此题。

步骤 1：单击“创建”工具栏下的“查询设计”按钮，从“显示表”对话框中添加表 tStud，关闭“显示表”对话框。

步骤 2：双击添加“学号”、“姓名”、“性别”、“年龄”、“入校时间”、“简历”字段，在“简历”字段的“条件”行输入“like " * 摄影 * "”，单击“显示”行“取消字段显示”的勾选。运行该查询，单击工具栏中的“保存”按钮，另存为 qT2。关闭设计视图。

(3) 通过查询设计视图完成此题。

步骤 1：单击“创建”工具栏下的“查询设计”按钮，从“显示表”对话框中添加表 tScore，关闭“显示表”对话框。

步骤 2：双击“学号”、“成绩”字段，单击工具栏上“汇总”按钮，在“成绩”字段“总计”行下拉列表中选中“平均值”。在“成绩”字段前添加“平均成绩:”字样。运行该查询，单击工具栏中的“保存”按钮，另存为 qT3。关闭设计视图。

(4) 通过查询设计视图完成此题。

步骤1：单击“创建”工具栏下的“查询设计”按钮，从“显示表”对话框中添加表 tStud，关闭“显示表”对话框。

步骤2：单击工具栏上“追加”按钮，在“追加”对话框中输入或从组合框中选择 tTemp，单击“确定”按钮。

步骤3：双击“学号”、“姓名”、“性别”、“年龄”、“所属院系”、“入校时间”字段，在“性别”字段的“条件”行输入“女”。

步骤4：单击工具栏上“运行”按钮，在弹出的对话框中单击“是”按钮。单击工具栏中“保存”按钮，另存为 qT4。关闭设计视图。

〖本题小结〗

本题创建条件查询、分组统计查询和追加查询。注意追加查询一定要运行查询才能将查询结果追加到目标表中，不运行的话，虽然创建了查询，但没有生成结果。

第05题

素材文件夹中有一个数据库文件 samp2.accdb，其中存在已经设计好的两个表对象 tTeacher1 和 tTeacher2 及一个宏对象 mTest。请按以下要求完成设计：

(1) 创建一个查询，查找并显示教师的“编号”、“姓名”、“性别”、“年龄”和“职称”5个字段内容，将查询命名为 qT1。

(2) 创建一个查询，查找并显示没有在职的教师的“编号”、“姓名”和“联系电话”3个字段内容，将查询命名为 qT2。

(3) 创建一个查询，将 tTeacher1 表中年龄小于等于 45 的党员教授或年龄小于等于 35 的党员副教授记录追加到 tTeacher2 表的相应字段中，将查询命名为 qT3。

(4) 创建一个窗体，命名为 fTest。将窗体“标题”属性设为“测试窗体”；在窗体的主体节区添加一个命令按钮，命名为 btnR，标题为“测试”；设置该命令按钮的单击事件属性为给定的宏对象 mTest。

〖解题思路〗

第(1)小题创建简单查询，第(2)小题创建条件查询，第(3)小题创建追加查询，第(4)小题创建窗体并设置常用属性，建立命令按钮控件，设置属性和单击事件。

〖操作步骤〗

(1) 打开数据库文件 samp2.accdb。

步骤1：单击“创建”工具栏下的“查询设计”按钮以新建查询，在“显示表”对话框中添加表 tTeacher1，关闭“显示表”对话框。

步骤 2：分别双击“编号”、“姓名”、“性别”、“年龄”和“职务”字段添加到“字段”行。

步骤 3：运行查询，单击工具栏中“保存”按钮，另存为 qT1。关闭设计视图。

(2) 通过查询设计视图完成此题。

步骤 1：单击“创建”工具栏下的“查询设计”按钮，在“显示表”对话框双击表 tTeacher1，关闭“显示表”对话框。

步骤 2：分别双击“编号”、“姓名”、“联系电话”和“在职否”字段。

步骤 3：在“在职否”字段的“条件”行输入 False 或 No，单击显示行“取消字段显示”的勾选。

步骤 4：运行查询，单击工具栏中“保存”按钮，另存为 qT2。关闭设计视图。

(3) 通过查询设计视图完成此题。

步骤 1：单击“创建”工具栏下的“查询设计”按钮，在“显示表”对话框中双击表 tTeacher1，关闭“显示表”对话框。

步骤 2：单击工具栏上“追加”按钮，在弹出的对话框中从组合框选择 tTeacher2，单击“确定”按钮。

步骤 3：分别双击“编号”、“姓名”、“性别”、“年龄”、“职称”和“政治面目”字段，将这些字段添加到查询字段中。

步骤 4：在“年龄”、“职称”和“政治面目”字段的“条件”行分别输入＜＝45、"教授"和"党员"，在“或”行分别输入＜＝35、"副教授"和"党员"，如图 2-05-01 所示。

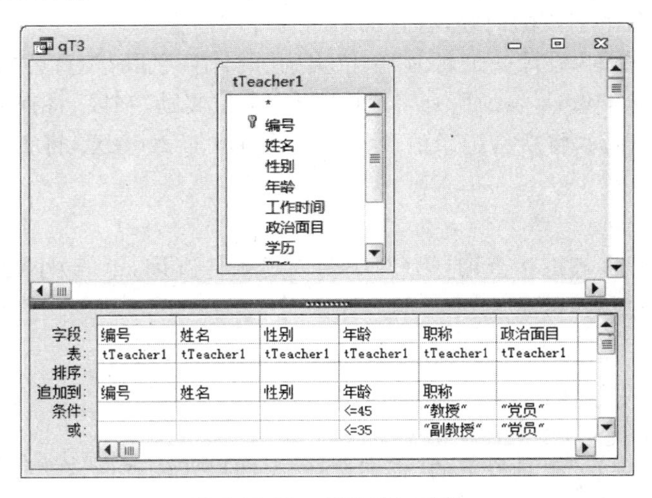

图 2-05-01　创建追加查询

步骤 5：运行查询，在弹出的对话框中单击“是”按钮。

步骤 6：单击工具栏中“保存”按钮，另存为 qT3。关闭设计视图。

(4) 通过窗体设计视图完成此题。

步骤 1：单击“创建”工具栏下的“窗体设计”按钮，进入窗体设计视图。

步骤 2：在属性表窗口“全部”选项卡的“标题”行输入“测试窗体”。

步骤 3：选择工具栏“命令按钮”控件，单击窗体主体区适当位置，弹出“命令按钮向导”对话框，单击“取消”按钮。

步骤 4：单击该命令按钮，单击属性表窗口的“全部”选项卡标签，在“名称”和“标题”行输入 btnR 和“测试”。

步骤 5：单击“事件”选项卡，在“单击”行右侧下拉列表中选中 mTest。

步骤 6：单击工具栏中“保存”按钮，将窗体命名为 fTest，切换到窗体视图，浏览窗体，关闭视图，退出 Access。

〖本题小结〗

本题涉及创建条件查询和追加查询；创建窗体和命令按钮对象，并设置各自的常用属性。第(3)小题创建追加查询中，要注意复杂条件的建立方法。

第 06 题

素材文件夹中有一个数据库文件 samp2. accdb，其中存在已经设计好的表对象 tAttend、tEmployee 和 tWork，请按以下要求完成设计：

(1) 创建一个查询，查找并显示“姓名”、“项目名称”和“承担工作”3 个字段的内容，将查询命名为 qT1。

(2) 创建一个查询，查找并显示项目经费在 10000 元以下(包括 10000 元)的“项目名称”和“项目来源”两个字段的内容，将查询命名为 qT2。

(3) 创建一个查询，设计一个名为“单位奖励”的计算字段，计算公式为：单位奖励＝经费 * 10%，并显示 tWork 表的所有字段内容和“单位奖励”字段，将查询命名为 qT3。

(4) 创建一个查询，将所有记录的“经费”字段值增加 2000 元，将查询命名为 qT4。

〖解题思路〗

第(1)小题创建多表链接查询，第(2)小题创建条件查询，第(3)小题创建新增字段查询，第(4)小题创建更新查询。

〖操作步骤〗

(1) 打开数据库文件 samp2. accdb。

步骤 1：单击“创建”工具栏下的“查询设计”按钮以新建查询，在“显示表”对话框中分别双击表 tAttend、tEmployee 和 tWork，关闭“显示表”对话框。

步骤 2：分别双击“姓名”、“项目名称”、“承担工作”字段添加到“字段”行。

步骤 3：运行查询，单击工具栏中“保存”按钮，另存为 qT1。关闭设计视图。

(2) 通过查询设计视图完成此题。

步骤 1：单击“创建”工具栏下的“查询设计”按钮，在“显示表”对话框中双击表 tWork，关闭“显示表”对话框。

步骤 2：分别双击“项目名称”、“项目来源”和“经费”字段将其添加到“字段”行。

步骤 3：在“经费”字段的“条件”行输入＜＝10000 字样，单击“显示”行取消该字段的显示。

步骤 4：运行查询，单击工具栏中“保存”按钮，另存为 qT2。关闭设计视图。

(3) 通过查询设计视图完成此题。

步骤 1：单击“创建”工具栏下的“查询设计”按钮，在“显示表”对话框中双击表 tWork，关闭“显示表”对话框。

步骤 2：双击 * 字段将其添加到“字段”行。

步骤 3：在“字段”行下一列添加新字段“单位奖励：[经费] * 0.1”，如图 2-06-01 所示。

步骤 4：运行查询，单击工具栏中“保存”按钮，另存为 qT3。关闭设计视图。

(4) 通过查询设计视图完成此题。

步骤 1：单击“创建”工具栏下的“查询设计”按钮，在“显示表”对话框中双击表 tWork，关闭“显示表”对话框。

步骤 2：单击工具栏“更新”按钮，创建更新查询。

步骤 3：双击“经费”字段将其添加到“字段”行，在“更新到”行输入“[经费]+2000”，如图 2-06-02 所示。

图 2-06-01　新增字段

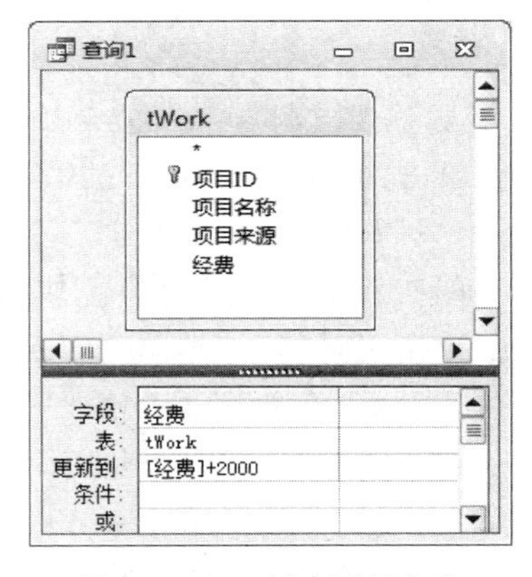

图 2-06-02　创建更新查询

步骤 4：运行查询，单击“是”按钮，单击工具栏中“保存”按钮，另存为 qT4。关闭设计视图，退出 Access。

〖**本题小结**〗

本题涉及创建多表链接查询，条件查询，新增字段查询和更新查询等操作。在更新查询设计中，更新到行中的原字段必须要用[]括起来，否则会引发更新错误，而且更新查询和追加查询删除查询一样，一定要运行查询。

第 07 题

素材文件夹中有一个数据库文件 samp2. accdb，其中存在已经设计好的表对象

tCollect、tPress 和 tType，请按以下要求完成设计：

(1) 创建一个查询，查找收藏品中最高价格和最低价格信息并输出，标题显示为 v_Max 和 v_Min，将查询命名为 qT1。

(2) 创建一个查询，查找并显示购买"价格"大于 100 元并且"购买日期"在 2001 年以后(含 2001 年)的 CDID、"主题名称"、"价格"、"购买日期"和"介绍"5 个字段的内容，将查询命名为 qT2。

(3) 创建一个查询，通过输入 CD 类型名称，查询并显示 CDID、"主题名称"、"价格"、"购买日期"和"介绍"5 个字段的内容，当运行该查询时，应显示参数提示信息"请输入 CD 类型名称："，将查询命名为 qT3。

(4) 创建一个查询，对 tType 表记录进行修改，将"类型 ID"等于 05 的记录中的"类型介绍"字段更改为"古典音乐"，将查询命名为 qT4。

〖解题思路〗

第(1)小题创建统计查询，第(2)小题创建条件查询，第(3)小题创建参数查询，第(4)小题创建更新查询。

〖操作步骤〗

(1) 打开数据库文件 samp2.accdb。

步骤 1：单击"创建"工具栏下的"查询设计"按钮以新建查询，在"显示表"对话框中双击表 tCollect，关闭"显示表"对话框。

步骤 2：两次双击"价格"字段添加到字段行。

步骤 3：单击工具栏上"汇总"按钮，在第一个"价格"字段"总计"行下拉列表中选中"最大值"，在第二个"价格"字段"总计"行下拉列表中选中"最小值"。

步骤 4：在第一个"价格"字段前添加"v_Max："字样，在第二个"价格"字段前添加"v_Min："字样。

步骤 5：运行查询，单击工具栏中"保存"按钮，另存为 qT1，并关闭设计视图。

(2) 通过查询设计视图完成此题。

步骤 1：单击"创建"工具栏下的"查询设计"按钮，在"显示表"对话框双击表 tCollect，关闭"显示表"对话框。

步骤 2：双击 CDID、"主题名称"、"价格"、"购买日期"、"介绍"字段添加到字段行。

步骤 3：分别在"价格"和"购买日期"字段的条件行输入"＞100"和"＞＝＃2001/1/1＃"。

步骤 4：运行查询，单击工具栏中"保存"按钮，另存为 qT2，关闭设计视图。

(3) 通过查询设计视图完成此题。

步骤 1：单击"创建"工具栏下的"查询设计"按钮，在"显示表"对话框双击表 tType 及 tCollect，关闭"显示表"对话框。

步骤 2：双击字段 CDID、"主题名称"、"价格"、"购买日期"、"介绍"和"CD 类型名称"字段添加到字段行。

步骤3：在“CD类型名称”字段的条件行输入“[请输入CD类型名称：]”，单击显示行取消该字段显示。

步骤4：运行查询，单击工具栏中“保存”按钮，另存为qT3，关闭设计视图。

(4) 通过查询设计视图完成此题。

步骤1：单击“创建”工具栏下的“查询设计”按钮，在“显示表”对话框双击表tType，关闭“显示表”对话框。

步骤2：单击工具栏“更新”按钮，双击“类型ID”和“类型介绍”字段。

步骤3：在“类型ID”字段的条件行输入05，在“类型介绍”字段的“更新到”行输入“古典音乐”。

步骤4：单击“运行”按钮，在弹出的对话框中单击“是”按钮。

步骤5：单击工具栏中“保存”按钮，另存为qT4，关闭设计视图。

〖本题小结〗

本题涉及创建条件查询、参数查询、更新查询等操作，要注意日期型数据的表达方式和更新查询创建后要运行该查询。

第08题

素材文件夹中有一个数据库文件samp2.accdb，其中存在已经设计好的3个关联表对象tCourse、tGrade、tStudent和一个空表tSinfo，请按以下要求完成设计：

(1) 创建一个查询，查找并显示“姓名”、“政治面貌”、“课程名”和“成绩”4个字段的内容，将查询命名为qT1。

(2) 创建一个查询，计算每名学生所选课程的学分总和，并依次显示“姓名”和“学分”字段，其中“学分”为计算出的学分总和，将查询命名为qT2。

(3) 创建一个查询，查找年龄小于平均年龄的学生，并显示其“姓名”，将查询命名为qT3。

(4) 创建一个查询，将所有学生的“班级编号”、“学号”、“课程名”和“成绩”等值填入tSinfo表相应字段中，其中班级编号值是tStudent表中“学号”字段的前6位，将查询命名为qT4。

〖解题思路〗

第(1)小题创建简单多表链接查询，第(2)小题创建多表链接统计查询，第(3)小题创建嵌套查询，第(4)小题创建追加查询。

〖操作步骤〗

(1) 打开数据库文件samp2.accdb。

步骤1：单击“创建”工具栏下的“查询设计”按钮以新建查询，在“显示表”对话框中分别双击表tStudent、tCourse、tGrade，关闭“显示表”对话框。

步骤 2：分别双击“姓名”、“政治面貌”、“课程名”和“成绩”字段将其添加到“字段”行。

步骤 3：运行查询，单击工具栏中“保存”按钮，另存为 qT1。关闭设计视图。

（2）通过查询设计视图完成此题。

步骤 1：单击“创建”工具栏下的“查询设计”按钮，在“显示表”对话框中分别双击表 tStudent、tGrade、tCourse，关闭“显示表”对话框。

步骤 2：分别双击“姓名”、“学分”字段将其添加到“字段”行。

步骤 3：单击工具栏上“汇总”按钮，在“学分”字段“总计”行下拉列表中选中“合计”。

步骤 4：在“学分”字段前添加“学分：”字样。

步骤 5：运行查询，单击工具栏中“保存”按钮，另存为 qT2。关闭设计视图。

（3）通过查询设计视图完成此题。

步骤 1：单击“创建”工具栏下的“查询设计”按钮，在“显示表”对话框中双击表 tStudent，关闭“显示表”对话框。

步骤 2：分别双击“姓名”、“年龄”字段将其添加到“字段”行。

步骤 3：在“年龄”字段条件行输入“<(Select Avg([年龄])from [tStudent])”，单击“显示”行取消字段显示，如图 2-08-01 所示。

图 2-08-01　查询条件为子查询

步骤 4：运行查询，单击工具栏中“保存”按钮，另存为 qT3。关闭设计视图。

（4）通过查询设计视图完成此题。

步骤 1：单击“创建”工具栏下的“查询设计”按钮，在“显示表”对话框中分别双击表 tCourse、tGrade、tStudent，关闭“显示表”对话框。

步骤 2：单击工具栏上“追加”按钮，在弹出的对话框中输入或在组合框中选择 tSinfo，单击“确定”按钮。

步骤 3：在“字段”行第一列输入“班级编号：Left([tStudent]！[学号]，6)”，分别双击“学号”、“课程名”、“成绩”字段将其添加到“字段”行。

步骤 4：单击工具栏“运行”按钮，在弹出的对话框中单击“是”按钮。

步骤 5：单击工具栏中“保存”按钮，另存为 qT4。关闭设计视图。

〖本题小结〗

本题涉及创建简单链接查询、统计查询、嵌套查询和追加查询。第(3)小题嵌套查询的条件中又包含子查询以及第(4)小题中新增字段“班级编号”的创建是本题的难点。

第 09 题

素材文件夹中有一个数据库文件 samp2.accdb,其中存在已经设计好的 3 个关联表对象 tStud、tCourse、tScore 和一个空表 tTemp。此外,还提供窗体 fTest 和宏 mTest,请按以下要求完成设计:

(1) 创建一个查询,查找女学生的“姓名”、“课程名”和“成绩”3 个字段的内容,将查询命名为 qT1。

(2) 创建追加查询,将表对象 tStud 中有书法爱好学生的“学号”、“姓名”和“入校年”3 列内容追加到目标表 tTemp 的对应字段内,将查询命名为 qT2(规定:“入校年”列由“入校时间”字段计算得到,显示为 4 位数字形式)。

(3) 补充窗体 fTest 上 test1 按钮(名为 bt1)的单击事件代码,实现以下功能:

打开窗体,在文本框 tText 中输入一段文字,然后单击窗体 fTest 上的 test1 按钮(名为 bt1),程序将文本框内容作为窗体中标签 bTitle 的标题显示。

注意:不能修改窗体对象 fTest 中未涉及的控件和属性;只允许在*****Add*****与*****Add*****之间的空行内补充语句、完成设计。

(4) 设置窗体 fTest 上 test2 按钮(名为 bt2)的单击事件为宏对象 mTest。

〖解题思路〗

第(1)小题创建多表链接的条件查询,第(2)小题创建追加查询;第(3)小题通过代码编辑窗口输入代码,动态改变控件的属性,第(4)小题通过属性表窗口,设置按钮对象的单击事件属性。

〖操作步骤〗

(1) 打开数据库文件 samp2.accdb。

步骤 1:单击“创建”工具栏下的“查询设计”按钮以新建查询,在“显示表”对话框中分别双击表 tStud、tCourse 和 tScore,关闭“显示表”对话框。将 tStud 表的“学号”字段拖动到 tScore 表的“学号”字段,将 tCourse 表的“课程号”字段拖动到 tScore 表的“课程号”字段,以建立三表间的联系。

步骤 2:分别双击“姓名”、“性别”、“课程名”和“成绩”字段。

步骤 3:在“性别”字段的“条件”行输入“女”,单击显示行取消该字段的显示。

步骤 4:运行该查询,单击工具栏中“保存”按钮,另存为 qT1。关闭设计视图。

(2) 通过查询设计视图完成此题。

步骤 1:单击“创建”工具栏下的“查询设计”按钮,在“显示表”对话框中双击表 tStud,关闭“显示表”对话框。

步骤 2:单击工具栏“追加”按钮,在弹出的对话框中输入 tTemp 或从组合框列表中选择该表,单击“确定”按钮。

步骤 3:分别双击字段“学号”、“姓名”和“简历”行,将其添加到“字段”行,在“简历”列的条件行输入“Like " * 书法 * "”。

步骤 4:在“简历”列的下一列输入“入校年:Year([入校时间])”行,“追加到”行输入或选择“入校年”,设计视图如图 2-09-01 所示。

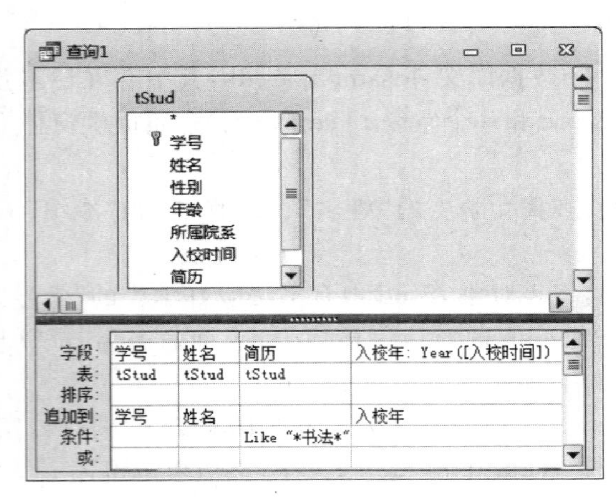

图 2-09-01　创建追加查询

步骤 5:单击工具栏“运行”按钮,在弹出的对话框中单击“是”按钮。

步骤 6:单击工具栏中“保存”按钮,另存为 qT2。关闭设计视图。

(3) 通过窗体设计视图完成此题。

步骤 1:通过导航窗口,显示窗体对象,右击窗体对象 fTest,从弹出的快捷菜单中选择【设计视图】菜单项。

步骤 2:右击标题为 test1 的按钮,从快捷菜单中选择【事件生成器】菜单项,在空格行输入:

```
'*****Add*****
bTitle.Caption=tText.Value              注: .Value 也可省略
'*****Add*****
```

切换到窗体视图,浏览窗体,查看运行效果。关闭代码编辑窗口。

(4) 通过窗体设计视图完成此题。

步骤 1:右击标题为 test2 的按钮,从快捷菜单中选择【属性】菜单项,弹出属性表窗口,单击“事件”选项卡标签,在“单击”行右侧下拉列表中选中 mTest。

步骤 2:切换到窗体视图,浏览窗体,查看运行效果。单击工具栏中“保存”按钮,关闭设计视图。

〖本题小结〗

本题涉及创建条件查询和追加查询,在追加查询中,需设置模糊查询子句 Like 和“入校年”字段的创建,相对较难;涉及对窗体中命令按钮的属性进行设置和事件代码的编写,要掌握动态设置控件属性的方法。

第10题

在素材文件夹中有一个数据库文件 samp2.accdb，里面已经设计好两个表对象 tNorm 和 tStock。请按以下要求完成设计：

(1) 创建一个查询，查找产品最高储备与最低储备相差最小的数量并输出，标题显示为 m_data，所建查询命名为 qT1。

(2) 创建一个查询，查找库存数量超过 10000（不含 10000）的产品，并显示“产品名称”和“库存数量”。所建查询命名为 qT2。

(3) 创建一个查询，按输入的产品代码查找其产品库存信息，并显示“产品代码”、“产品名称”和“库存数量”。当运行该查询时，应显示提示信息：“请输入产品代码：”。所建查询名为 qT3。

(4) 创建一个交叉表查询，统计并显示每种产品不同规格的平均单价，显示时行标题为产品名称，列标题为规格，计算字段为单价，所建查询名为 qT4。

注意：交叉表查询不做各行小计。

〖解题思路〗

第(1)小题创建添加字段的查询，第(2)小题创建条件查询，第(3)小题创建参数查询，第(4)小题创建交叉表查询，在创建交叉表查询时可以使用向导也可以直接创建，要分别设置行标题、列标题和值字段。

〖操作步骤〗

(1) 打开数据库文件 samp2.accdb。

步骤 1：单击“创建”工具栏下的“查询设计”按钮以新建查询，在“显示表”对话框中双击表 tNorm 添加到关系界面中，关闭“显示表”。

步骤 2：在字段行的第一列输入“m_data：Min([最高储备]－[最低储备])”，单击工具栏“汇总”按钮，在总计行下拉列表中选择 Expression，如图 2-10-01 所示。

步骤 3：运行查询，单击工具栏中“保存”按钮，另存为 qT1，关闭设计视图。

(2) 通过查询设计视图完成此题。

步骤 1：单击“创建”工具栏下的“查询设计”按钮，在“显示表”对话框双击表 tStock，关闭“显示表”对话框。

步骤 2：分别双击“产品名称”和“库存数量”字段。

步骤 3：在“库存数量”字段的“条件”行输入 >10000。

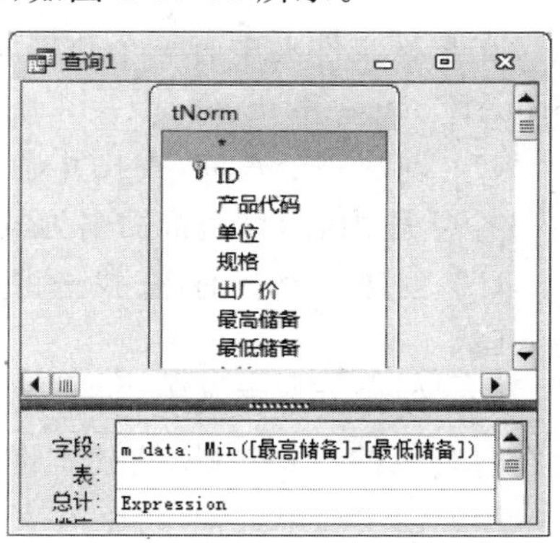

图 2-10-01　创建汇总查询

步骤4：运行查询，单击工具栏中“保存”按钮，另存为qT2。关闭设计视图。

（3）通过查询设计视图完成此题。

步骤1：单击“创建”工具栏下的“查询设计”按钮，在“显示表”对话框双击表tStock，关闭“显示表”对话框。

步骤2：分别双击“产品代码”、“产品名称”和“库存数量”字段。

步骤3：在“产品代码”字段的“条件”行输入“[请输入产品代码：]”。

步骤4：运行查询，根据输入的产品代码，完成查询。单击工具栏中“保存”按钮，另存为qT3。关闭设计视图。

（4）通过查询向导完成此题。

步骤1：单击“创建”工具栏下的“查询向导”按钮，选中列表框中“交叉表查询向导”，单击“确定”按钮。

步骤2：在“交叉表查询向导”窗口单击视图组中“表”选项按钮，在列表框中选“表：tStock”，单击“下一步”按钮。

步骤3：在“交叉表查询向导”窗口的“可用字段:”列表中双击“产品名称”作为行标题，单击“下一步”按钮。

步骤4：在“可用字段:”列表中双击“规格”作为列标题，单击“下一步”按钮。

步骤5：在“字段”列表中选中“单价”，在函数列表中选中平均Avg，单击“下一步”按钮。

步骤6：在“请指定查询的名称”处输入qT4，单击“完成”按钮。运行查询并关闭视图。

〖**本题小结**〗

本题涉及创建汇总查询、条件查询、参数查询和交叉表查询等操作。难点是第(1)小题中使用统计函数并指定查询字段的名称，以及第(4)小题交叉表查询向导中如何正确指定行标题列标题和值字段。

第11题

在素材文件夹中有一个数据库文件samp2.accdb，里面已经设计好3个关联表对象tStud、tCourse和tScore及一个临时表对象tTemp。请按以下要求完成设计：

（1）创建一个查询，查找并显示入校时间非空的男同学的“学号”、“姓名”和“所属院系”3个字段内容，将查询命名为qT1。

（2）创建一个查询，查找选课学生的“姓名”和“课程名”两个字段内容，将查询命名为qT2。

（3）创建一个交叉表查询，以学生性别为行标题，以所属院系为列标题，统计男女学生在各院系的平均年龄，所建查询命名为qT3。

（4）创建一个查询，将临时表对象tTemp中年龄为偶数的人员的“简历”字段清空，所建查询命名为qT4。

〖解题思路〗

第(1)小题创建简单的条件查询,第(2)小题创建多表链接查询,第(3)小题创建交叉表查询,第(4)小题创建更新查询。

〖操作步骤〗

(1) 打开数据库文件 samp2.accdb。

步骤1:单击"创建"工具栏下的"查询设计"按钮以新建查询,在"显示表"对话框中双击表 tStud,关闭"显示表"对话框。

步骤2:分别双击"学号"、"姓名"、"所属院系"、"入校时间"、"性别"字段。

步骤3:在"入校时间"字段条件行中输入 is not null,在"性别"字段条件行输入"男",分别单击显示行的复选框取消这两个字段的显示。

步骤4:运行查询,单击工具栏中的"保存"按钮,另存为 qT1。关闭设计视图。

(2) 通过查询设计视图完成此题。

步骤1:单击"创建"工具栏下的"查询设计"按钮,在"显示表"对话框中分别双击表 tStud、tCourse、tScore,关闭"显示表"对话框。

步骤2:建立表间的联系,将 tStud 表的学号字段拖动到 tScore 表的学号字段,将 tCourse 表的课程号字段拖动到 tScore 表的课程号字段。

步骤3:分别双击"姓名"、"课程名"字段将其添加到字段行。

步骤4:运行查询,单击工具栏中的"保存"按钮,另存为 qT2。关闭设计视图。

(3) 通过查询设计视图完成此题。

步骤1:单击"创建"工具栏下的"查询设计"按钮,在"显示表"对话框中双击表 tStud,关闭"显示表"对话框。

步骤2:单击工具栏"交叉表"按钮,分别双击"性别"、"所属院系"、"年龄"添加到字段行。

步骤3:在年龄字段的总计行选"平均值",在交叉表行选"值"。

步骤4:在交叉表行性别字段选"行标题",在所属院系字段选"列标题"。

步骤5:将年龄字段改为"平均年龄:年龄",如图 2-11-01 所示。运行查询,单击工具栏中的"保存"按钮,保存为 qT3,关闭设计视图。

(4) 通过查询设计视图完成此题。

步骤1:单击"创建"工具栏下的"查询设计"按钮,在"显示表"对话框中双击表 Temp,关闭"显示表"对话框。

步骤2:单击工具栏"更新"按钮,双击"年龄"和"简历"字段。

步骤3:在"年龄"字段的条件行输入"[年龄] Mod 2=0",在"简历"字段更新到行输入" "(**注意双引号内有一空格符**),如图 2-11-02 所示。

步骤4:单击工具栏"运行"按钮,在弹出的对话框中单击"是"按钮。

步骤5:单击工具栏中的"保存"按钮,另存为 qT4。关闭设计视图。

图 2-11-01　创建交叉查询

图 2-11-02　年龄为偶数的条件表达式

〖本题小结〗

本题涉及创建条件查询、更新查询和交叉表查询等操作。在交叉表查询设计中最后要修改字段的显示名称，在更新查询中要注意年龄为偶数和清空字段的表达方式，在第(1)小题的查询中要注意非空的表达方式，在第(2)小题中，添加表后要通过鼠标的拖动操作创建表间的联系。

第 12 题

素材文件夹中有一个数据库文件 samp2. accdb，其中存在已经设计好的两个表对象 tTeacher1 和 tTeacher2。请按以下要求完成设计：

(1) 创建一个查询，查找并显示在职教师的“编号”、“姓名”、“年龄”和“性别”4 个字段内容，将查询命名为 qT1。

(2) 创建一个查询，查找教师的“编号”、“姓名”和“联系电话”3 个字段内容，然后将其中的“编号”与“姓名”两个字段合二为一，这样查询的 3 个字段内容以两列形式显示，标题分别为“编号姓名”和“联系电话”，将查询命名为 qT2。

(3) 创建一个查询，按输入的教师的“年龄”查找并显示教师的“编号”、“姓名”、“年龄”和“性别”4 个字段内容，当运行该查询时，应显示参数提示信息：“请输入教工年龄”，将查询命名为 qT3。

(4) 创建一个查询，将 tTeacher1 表中的党员教授的记录追加到 tTeacher2 表相应的字段中，将查询命名为 qT4。

〖解题思路〗

第(1)小题创建简单查询，第(2)小题创建新增字段简单查询，第(3)小题创建参数查询，第(4)小题在查询设计视图中创建不同的查询，按题目要求填添加字段和条件表达式。

〖操作步骤〗

(1) 打开数据库文件 samp2.accdb。

步骤1：单击“创建”工具栏下的“查询设计”按钮以新建查询，在“显示表”对话框中双击表 tTeacher1，关闭“显示表”对话框。

步骤2：分别双击“编号”、“姓名”、“年龄”、“性别”、“在职否”字段添加到“字段”行。

步骤3：取消“在职否”列的显示，在“在职否”的条件行中输入 True，运行查询并单击工具栏中“保存”按钮，另存为 qT1。关闭设计视图。

(2) 通过查询设计视图完成此题。

步骤1：单击“创建”工具栏下的“查询设计”按钮，在“显示表”对话框中双击表 tTeacher1，关闭“显示表”对话框。

步骤2：在“字段”行第一列输入“编号姓名：[编号]+[姓名]”，双击“联系电话”字段添加到“字段”行。

步骤3：单击工具栏中“保存”按钮，另存为 qT2。关闭设计视图。

(3) 通过查询设计视图完成此题。

步骤1：单击“创建”工具栏下的“查询设计”按钮，在“显示表”对话框中双击表 tTeacher1，关闭“显示表”对话框。

步骤2：分别双击“编号”、“姓名”、“年龄”、“性别”字段添加到“字段”行。

步骤3：在“年龄”字段的“条件”行中输入“[请输入教工年龄]”。

步骤4：单击工具栏中“保存”按钮，另存为 qT3。关闭设计视图。

(4) 通过查询设计视图完成此题。

步骤1：单击“创建”工具栏下的“查询设计”按钮，在“显示表”对话框中双击表 tTeacher1，关闭“显示表”对话框。

步骤2：单击工具栏“追加”按钮，在弹出的对话框的组合框中选择 tTeacher2，单击“确定”按钮。

步骤3：查看表 tTeacher2 的表结构，该表中共有“编号”、“姓名”、“年龄”、“性别”和“职称”5个字段，所以从 tTeacher1 表中分别双击“编号”、“姓名”、“年龄”、“性别”、“职称”和“政治面目”字段添加到“字段”行。

步骤4：在“职称”字段的条件行中输入“"教授"”。

步骤5：在“政治面目”字段的条件行中输入“"党员"”，如图 2-12-01 所示。

步骤6：单击工具栏“运行”按钮，在弹出的对话框中单击“是”按钮。

步骤7：单击工具栏中“保存”按钮，另存为 qT4。关闭设计视图。

〖本题小结〗

本题涉及创建条件查询、参数查询和追加查询等操作。这4道查询题相对简单，查询条件的创建不复杂，操作步骤也不烦琐，相比较而言，第(2)小题中新增字段的表达是难点，第(4)小题中要先查看表 tTeacher2 的表结构以确定所选择的字段再进行查询设计是难点。

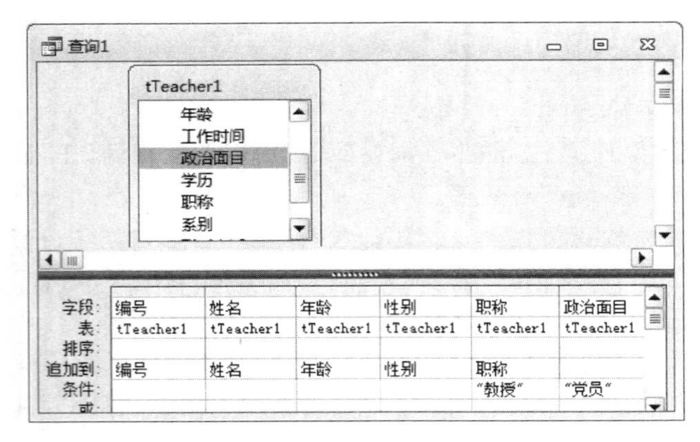

图 2-12-01　创建追加查询

第 13 题

在素材文件夹中有一个数据库文件 samp2.accdb，里面已经设计好表对象“档案表”和“水费”，请按以下要求完成设计：

(1) 设置“档案表”表中的“性别”字段的有效性规则为其值只能为“男”或“女”，有效性文本为“性别字段只能填写男或女”。

(2) 创建一个查询，查找未婚职工的记录，并显示“姓名”、“出生日期”和“职称”。所建查询名为 qT1。

(3) 创建一个查新查询，用于计算水费，计算公式：

水费=3.7×(本月水－上月水)

所建查询名为 qT2。

(4) 创建一个查询，查找水费为零的记录，并显示“姓名”，所建查询名为 qT3。

〖解题思路〗

第(1) 小题在设计视图中设置字段属性；第(2) 、(3) 、(4) 小题在查询设计视图中创建不同的查询，按题目要求添加字段和条件表达式。

〖操作步骤〗

(1) 打开数据库文件 samp2.accdb，在导航窗口显示出所有对象。

步骤 1：右击表对象“档案表”，选择【设计视图】菜单项。

步骤 2：单击“性别”字段，分别在“有效性规则”和“有效性文本”行输入“in("男","女")”和“性别字段只能填写男或女”。

步骤 3：单击工具栏中“保存”按钮，关闭设计视图。

(2) 通过查询设计视图完成此题。

步骤 1：单击“创建”工具栏下的“查询设计”按钮以新建查询，在“显示表”对话框中双击表“档案表”，关闭“显示表”对话框。

步骤 2：分别双击字段“姓名”、“出生日期”、“职称”和“婚否”字段。

步骤 3：在“婚否”字段的“条件”行输入中 0 或 False，单击显示行复选框取消该字段显示。

步骤 4：运行查询，单击工具栏中“保存”按钮，另存为 qT1。关闭设计视图。

(3) 通过查询设计视图完成此题。

步骤 1：单击“创建”工具栏下的“查询设计”按钮，在“显示表”对话框中双击表“水费”，关闭“显示表”对话框。

步骤 2：双击字段列表中的“水费”字段，单击工具栏“更新”按钮，在“更新到”行中输入“3.7 * ([本月水]－[上月水])”。

步骤 3：单击工具栏中“保存”按钮，另存为 qT2。运行查询，在弹出的对话框中选择“是”按钮，关闭设计视图。

(4) 通过查询设计视图完成此题。

步骤 1：单击“创建”工具栏下的“查询设计”按钮，双击“水费”和“档案表”，关闭“显示表”对话框。

步骤 2：先将档案表中的“职工号”字段拖动到水费表的“职工号”字段，建立两表间的链接，再分别双击“姓名”和“水费”字段。

步骤 3：在“水费”字段的条件行输入 0，单击显示行复选框取消该字段显示。

步骤 4：运行查询，单击工具栏中“保存”按钮，另存为 qT3。关闭设计视图。

〖**本题小结**〗

本题涉及更改表结构、创建简单条件查询、更新查询等操作，在第(1)小题中创建“性别”字段的有效性规则要注意正确地表达题目的含义，第(4)小题中要注意创建两表间的联系，否则查询的结果与应得到的结果不一致。

第 14 题

素材文件夹中存在一个数据库文件 samp2.accdb，里面已经设计好表对象 tOrder、tDetail、tEmployee 和 tBook，试按以下要求完成设计：

(1) 创建一个查询，查找清华大学出版社出版的图书中定价大于等于 20 元且小于等于 30 元的图书，并按定价从大到小顺序显示“书籍名称”、“作者名”和“出版社名称”字段。所建查询名为 qT1。

(2) 创建一个查询，查找某月出生雇员的售书信息，并显示“姓名”、“书籍名称”、“订购日期”、“数量”和“单价”。当运行该查询时，提示框中应显示“请输入月份：”。所建查询名为 qT2。

(3) 创建一个查询，计算每名雇员的奖金，显示标题为“雇员号”和“奖金”。所建查询名为 qT3。

说明：奖金＝每名雇员的销售金额合计数(单价 * 数量)×5%。

(4) 创建一个查询,查找单价低于定价的图书,并显示"书籍名称"、"类别"、"作者名"、"出版社名称"。所建查询名为 qT4。

〖解题思路〗

第(1) 小题创建简单条件查询,第(2) 小题创建多表链接参数查询,第(3) 小题创建新增字段查询,第(4) 小题创建多表链接条件查询。

〖操作步骤〗

(1) 打开数据库文件 samp2. accdb。

步骤 1:单击"创建"工具栏下的"查询设计"按钮以新建查询,在"显示表"对话框中双击表 tBook,关闭"显示表"对话框。

步骤 2:分别双击字段"书籍名称"、"作者名","定价"和"出版社名称"字段。

步骤 3:在"定价"字段条件行输入">=20 And <=30",单击显示行去掉复选框,在"排序"行列表中选中"降序"。

步骤 4:运行查询,单击工具栏中"保存"按钮,另存为 qT1。关闭设计视图。

(2) 通过查询设计视图完成此题。

步骤 1:单击"创建"工具栏下的"查询设计"按钮,在"显示表"对话框双击表 tOrder、tDetail、tEmployee 和 tBook,关闭"显示表"对话框。

步骤 2:双击"姓名"、"书籍名称"、"订购日期"、"数量","出生日期"和"单价"字段,在"出生日期"的条件行输入"[请输入月份]",并单击显示行去掉复选框,把"出生日期"字段改为"Month([出生日期])",如图 2-14-01 所示。

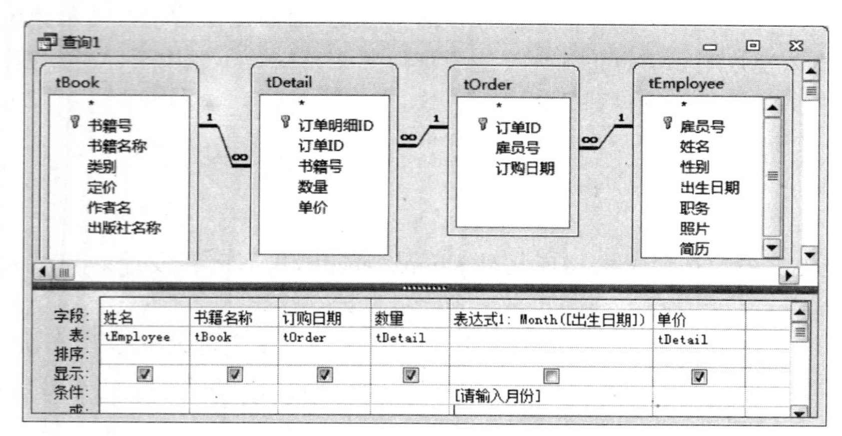

图 2-14-01 创建参数查询

步骤 3:运行查询,单击工具栏中"保存"按钮,另存为 qT2。关闭设计视图。

(3) 通过查询设计视图完成此题。

步骤 1:单击"创建"工具栏下的"查询设计"按钮,在"显示表"对话框双击表 tEmployee、tOrder、tDetail,关闭"显示表"对话框。

步骤 2:双击"雇员号"字段,在下一字段行输入"奖金:[单价] * [数量] * 0.05",如

图 2-14-02 所示。

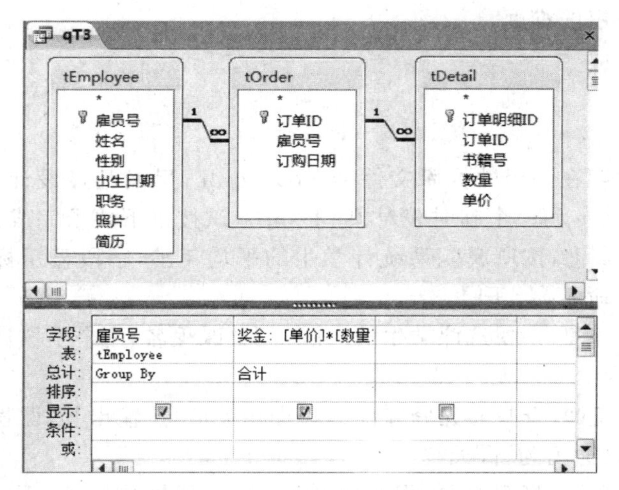

图 2-14-02 新增字段奖金

步骤 3：单击汇总按钮，在“奖金”列的总计行选择“合计”，运行查询，单击工具栏中“保存”按钮，另存为 qT3。关闭设计视图。

(4) 通过查询设计视图完成此题。

步骤 1：单击“创建”工具栏下的“查询设计”按钮，在“显示表”对话框双击表 tDetail 和 tBook，关闭“显示表”对话框。

步骤 2：双击“书籍名称”、“类别”、“作者名”、“出版社名称”字段。

步骤 3：在下一字段输入“[单价]-[定价]”，在条件行输入<0，并单击“显示”行取消复选框，如图 2-14-03 所示。

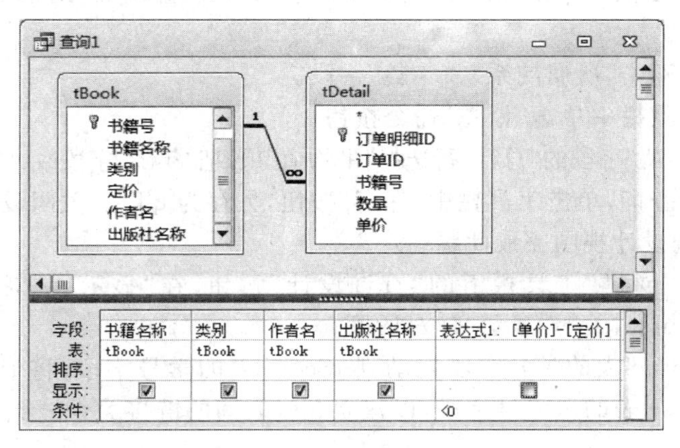

图 2-14-03 创建条件查询

步骤 4：运行查询，单击工具栏中“保存”按钮，另存为 qT4。关闭设计视图。

〖本题小结〗

本题涉及创建条件查询，添加新字段和参数查询。第(2)小题用到了日期函数

Month()，第(3)小题显示的字段虽只有 2 个，但要用到 3 张表，且新增字段为表达式。这几道查询题均有一定的难度。

第 15 题

素材文件夹中存在一个数据库文件 samp2. accdb，里面已经设计好三个关联表对象 tStud、tCourse、tScore 和一个临时表对象 tTemp。试按以下要求完成设计：

(1) 创建一个查询，按所属院系统计学生的平均年龄，字段显示标题为“院系”和“平均年龄”，所建查询命名为 qT1。

(2) 创建一个查询，查找选课学生的“姓名”和“课程名”两个字段内容，所建查询命名为 qT2。

(3) 创建一个查询，查找有先修课程的课程相关信息，输出其“课程名”和“学分”两个字段内容，所建查询命名为 qT3。

(4) 创建删除查询，将表对象 tTemp 中年龄值高于平均年龄(不含平均年龄)的学生记录删除，所建查询命名为 qT4。

〖解题思路〗

第(1) 小题创建分组查询，第(2) 小题创建多表链接查询，第(3) 小题创建条件查询，第(4) 小题创建删除查询。

〖操作步骤〗

(1) 打开数据库文件 samp2. accdb，在导航窗口显示出所有对象。

步骤 1：单击“创建”工具栏下的“查询设计”按钮，在“显示表”对话框双击表 tStud，关闭“显示表”对话框。

步骤 2：分别双击“所属院系”、“年龄”字段。

步骤 3：在工具栏中单击“汇总”命令按钮。

步骤 4：在“年龄”字段的“总计”行选择“平均值”项，把“年龄”字段改为“平均年龄:年龄”。

步骤 5：运行查询，单击工具栏中“保存”按钮，另存为 qT1。关闭设计视图。

(2) 通过查询设计视图完成此题。

步骤 1：单击“创建”工具栏下的“查询设计”按钮，在“显示表”对话框分别双击表 tStud、tScore、tCourse，关闭“显示表”对话框。

步骤 2：将 tStud 表的学号字段拖动到 tScore 表的学号字段，将 tScore 表的课程号字段拖动到 tCourse 表的课程号字段，以建立 3 张表间的链接关系。此步骤非常重要，否则得不到正确的结果。

步骤 3：分别双击“姓名”、“课程名”两个字段添加到“字段”行。

步骤 4：运行查询，单击工具栏中“保存”按钮，另存为 qT2。关闭设计视图。

(3) 通过查询设计视图完成此题。

步骤 1：单击“创建”工具栏下的“查询设计”按钮，在“显示表”对话框双击表 tCourse，关闭“显示表”对话框。

步骤 2：分别双击“课程名”、“学分”和“先修课程”字段。

步骤 3：在“先修课程”字段的“条件”行输入 is not null。

步骤 4：取消“先修课程”字段显示行的勾选。

步骤 5：运行查询，单击工具栏中“保存”按钮，另存为 qT3。关闭设计视图。

(4)

步骤 1：单击“创建”工具栏下的“查询设计”按钮，在“显示表”对话框双击表 tTemp，关闭“显示表”对话框。

步骤 2：单击工具栏“删除”按钮。

步骤 3：双击“年龄”字段添加到“字段”行，在“条件”行输入“>(Select Avg(tTemp.年龄) From tTemp)”。

步骤 4：单击工具栏“运行”按钮，在弹出的对话框中单击“是”按钮。

步骤 5：单击工具栏中“保存”按钮，另存为 qT4。关闭设计视图。

〖**本题小结**〗

本题涉及创建多种形式的查询，有链接查询、条件查询、删除查询、子查询等。第(2)小题中要创建表间的链接才能得到正确的结果，第(3)小题要将查询条件理解为非空，即 is not null，第(4)小题删除查询条件中又包含子查询，这几点都是本题的难点。

第 16 题

素材文件夹中存在一个数据库文件 samp2.accdb，里面已经设计好表对象 tQuota 和 tStock，试按以下要求完成设计：

(1) 创建一个查询，按照产品名称统计库存总数超过 10 万箱的产品总库存数量，并显示“产品名称”和“库存数量合计”。所建查询名为 qT1。

(2) 创建一个查询，查找各类产品中平均单价最高的产品，并显示其“产品名称”字段。所建查询名为 qT2。

(3) 创建一个查询，当运行该查询时，屏幕上显示提示信息：“请输入要比较的库存数量：”，输入要比较的库存数量后，该查询查找库存数量大于输入值的产品信息，并显示“产品 ID”、“产品名称”和“库存数量”。所建查询名为 qT3。

(4) 创建一个查询，运行该查询后生成一张新表，表名为 tNew，表结构为“产品 ID”、“产品名称”、“单价”、“库存数量”、“最高储备”和“最低储备”6 个字段，表内容为高于最高储备数量或低于最低储备数量的所有产品记录。所建查询名为 qT4。

要求：

(1) 所建新表中的记录按照“产品 ID”字段升序保存。

(2) 创建此查询后，运行该查询，并查看运行结果。

〖**解题思路**〗

第(1)小题创建带条件的汇总查询，第(2)小题创建附带子句汇总查询，第(3)小题创建参数查询，第(4)小题创建多表链接条件查询。

〖操作步骤〗

(1) 打开数据库文件 samp2.accdb，在导航窗口显示出所有对象。

步骤 1：单击"创建"工具栏下的"查询设计"按钮，在"显示表"对话框双击表 tStock，关闭"显示表"对话框。

步骤 2：单击"汇总"按钮。双击"产品名称"、"库存数量"字段。

步骤 3：在"库存数量"字段前添加"库存数量合计："，在"总计"行选择"合计"，在"条件"行输入＞100000。

步骤 4：运行查询，将查询保存为 qT1，关闭查询设计视图。

(2) 通过查询设计视图完成此题。

步骤 1：单击"查询设计"按钮，添加表 tStock，关闭"显示表"对话框。

步骤 2：单击"汇总"按钮。双击"产品名称"、"单价"字段。

步骤 3：在"单价"字段列的"总计"行选择"平均值"，在"排序"行选择"降序"。

步骤 4：在设计视图中右击，选择【SQL 视图】菜单项，在 SELECT 后面添加 TOP 1。

步骤 5：运行查询，将查询保存为 qT2，关闭查询设计视图。

(3) 通过查询设计视图完成此题。

步骤 1：单击"查询设计"按钮，添加表 tStock，关闭"显示表"对话框。

步骤 2：双击添加字段"产品 ID"、"产品名称"和"库存数量"。

步骤 3：在"库存数量"字段列的"条件"行中输入"＞[请输入要比较的库存数量：]"。

步骤 4：运行查询，将查询保存为 qT3，关闭查询设计视图。

(4) 通过查询设计视图完成此题。

步骤 1：单击"查询设计"按钮，添加表 tQuota、tStock，关闭"显示表"对话框。

步骤 2：单击工具栏"生成表"按钮，在对话框中输入 tNew，单击"确定"按钮。

步骤 3：双击添加字段"产品 ID"、"产品名称"、"单价"、"库存数量"、"最高储备"和"最低储备"。

步骤 4：在"产品 ID"字段列的"排序"行选择"升序"。

步骤 5：在"库存数量"字段列的"条件"行输入"＞[最高储备] Or ＜[最低储备]"。

步骤 6：单击"运行"按钮，运行查询，在出现的对话框中选择"是"。

步骤 7：将查询保存为 qT4，关闭查询设计视图。

〖本题小结〗

本题涉及创建汇总查询、链接查询、参数查询、追加查询等形式的查询，第(2)小题中用到查询语句的子句 top n，显示查询结果的前 n 项，第(4)小题中的条件表达等是本题的难点。

第三部分

综合应用题

第01题

素材文件夹下有一个数据库文件 samp3. accdb,其中存在设计好的表对象 tStud 和查询对象 qStud,同时还设计出以 qStud 为数据源的报表对象 rStud。请在此基础上按照以下要求补充报表设计。

(1) 在报表的报表页眉节区添加一个标签控件,名称为 bTitle,标题为“97 年入学学生信息表”。

(2) 在报表的主体节区添加一个文本框控件,显示“姓名”字段值。该控件放置在距上边 0.1 厘米、距左边 3.2 厘米的位置,并命名为 tName。

(3) 在报表的页面页脚节区添加一个计算控件,显示系统年月,显示格式为:××××年××月(注意,不允许使用格式属性)。计算控件放置在距上边 0.3 厘米、距左边 10.5 厘米的位置,并命名为 tDa。

(4) 按“编号”字段的前 4 位分组统计每组记录的平均年龄,并将统计结果显示在组页脚节区。计算控件命名为 tAvg。

注意:不能修改数据库中的表对象 tStud 和查询对象 qStud,同时也不允许修改报表对象 rStud 中已有的控件和属性。

〖解题思路〗

在报表设计视图中的不同区域添加标签、文本框等控件,并通过属性表窗口对控件的常用属性进行设置。

〖操作步骤〗

(1) 打开数据库文件 samp3. accdb。

步骤 1:在“报表”对象 rStud 上右击,选择【设计视图】菜单项,打开报表设计视图。选择工具箱中“标签”控件按钮,在报表页眉处单击,然后输入“97 年入学学生信息表”。

步骤 2:选中并右击添加的标签,选择【属性】菜单项,在弹出的属性表窗口中的“全部”选项卡的“名称”行输入 bTitle,然后保存并关闭属性表窗口。

(2) 选中工具箱中“文本框”控件,单击报表主体节区任一点,出现 Text 和“未绑定”两个文本框,选中 Text 文本框,按 Del 键将其删除。右击“未绑定”文本框,调整其宽度与页眉中的“姓名”标签宽度大致相同，选择“属性”，在弹出的属性表窗口中“全部”选项卡下的“名称”行中输入 tName，在“控件来源”行选择“姓名”，在“左边距”行中输入 3.2cm，在“上边距”行中输入 0.1cm。关闭“属性”对话框。单击工具栏中“保存”按钮。

(3) 在工具箱中选择“文本框”控件，在报表页面页脚节区单击，选中 Text 标签，按 Del 键将其删除，右击“未绑定”文本框，选择【属性】菜单项，在“全部”选项卡下的“名称”行中输入 tDa，在“控件来源”行中输入“=CStr(Year(Date()))+"年"+CStr(Month(Date()))+"月"”，在“左边距”行中输入 10.5cm，在“上边距”行中输入 0.3cm。

(4) 在“分组、排序和汇总”窗口中完成此题。

步骤 1：在设计视图中右击，选择【排序和分组】菜单项，弹出“分组、排序和汇总”窗口，单击“添加组”按钮，在下拉列表中选中“编号”，单击“更多”按钮。

步骤 2：依次设置“按前 4 个字符”、“汇总编号”、“有页眉节”、“有页脚节”、“将整个组放在同一页上”等，然后关闭对话框。报表出现相应的编号页眉区和编号页脚区。设置如图 3-01-01 所示。

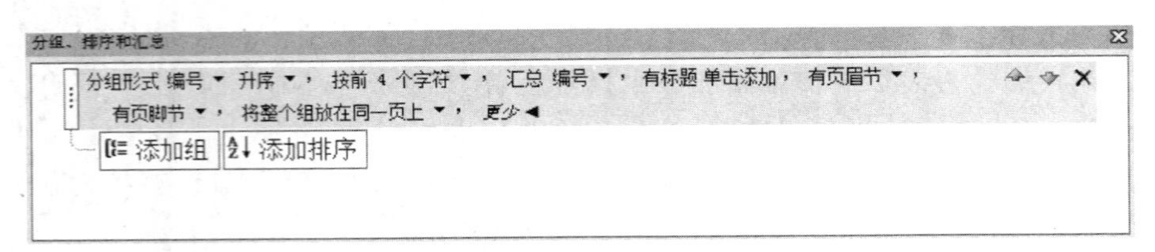

图 3-01-01　设置分组子窗口

步骤 3：选中报表主体节区“编号”文本框拖动到编号页眉节区，右击“编号”文本框，选择【属性】菜单项，在弹出的属性表窗口中选中“全部”选项卡，在“控件来源”行输入“=Left([编号],4)”。

步骤 4：选中工具箱中“文本框”控件，单击报表编号页脚节区适当位置，出现 Text 和“未绑定”两个文本框，在属性表窗口中设置 Text 文本框的“标题”行为“平均年龄”。

步骤 5：设置“未绑定”文本框的“名称”行为 tAvg，在“控件来源”行中输入“=Avg([年龄])”，关闭属性表窗口。单击工具栏中的“保存”按钮，关闭设计视图。

〖**本题小结**〗

本题涉及在报表中添加标签、文本框、计算控件及其属性的设置。对组的操作和相关设置是此题的难点，并且用到了日期函数 Year()和 Date()、字符串函数 Left()和求平均值函数 Avg()。

第 02 题

素材文件夹中有一个数据库文件 samp3.accdb，其中存在已经设计好的表对象 tEmployee 和 tGroup 及查询对象 qEmployee，同时还设计出以 qEmployee 为数据源的报表对象 rEmployee。请在此基础上按照以下要求补充报表设计。

(1) 在报表的报表页眉节区添加一个标签控件,名称为 bTitle,标题为“职工基本信息表”。

(2) 在“性别”字段标题对应的报表主体节区距上边 0.1 厘米、距左侧 5.2 厘米的位置添加一个文本框,用于显示“性别”字段值,并命名为 tSex。

(3) 设置报表主体节区内文本框 tDept 的控件来源为计算控件。要求该控件可以根据报表数据源里的“所属部门”字段值,从非数据源表对象 tGroup 中检索出对应的部门名称并显示输出(提示:考虑 DLookup 函数的使用)。

注意:不能修改数据库中的表对象 tEmployee 和 tGroup 及查询对象 qEmployee;不能修改报表对象 qEmployee 中未涉及的控件和属性。

〖解题思路〗

第(1)、(2)小题在报表的设计视图中添加控件,并右击该控件并选择【属性】菜单项,对控件属性进行设置;第(3)小题直接右击控件并选择【属性】菜单项,对控件进行设置。

〖操作步骤〗

(1) 打开数据库文件 samp3.accdb。

步骤 1:在报表对象 rEmployee 上右击,单击【设计视图】菜单项,打开报表设计视图。

步骤 2:选中工具箱中“标签”控件按钮,单击报表页眉处,然后输入“职工基本信息表”,单击设计视图任意处,右击该标签并选择【属性】菜单项,在“名称”行输入 bTitle,关闭属性窗口。

(2) 通过报表设计视图完成此题。

步骤 1:选中工具箱中“文本框”控件,单击报表主体节区任一点,出现 Text 和“未绑定”两个文本框,选中 Text 文本框,按 Del 键将 Text 文本框删除。

步骤 2:右击“未绑定”文本框,选择【属性】菜单项,在“名称”行输入 tSex,分别在“上边距”和“左边距”中输入 0.1cm 和 5.2cm,并调整宽度。在“控件来源”行列表选中“性别”字段,关闭属性窗口。单击工具栏中“保存”按钮。

(3) 步骤 1:在报表设计视图中,右击“部门名称”下的“未绑定”文本框 tDept,选择【属性】菜单项,打开属性窗口。

步骤 2:在属性窗口中的“控件来源”行输入“=DLookUp("名称","tGroup","所属部门=部门编号")”,关闭属性窗口。切换到报表试图以显示报表,如图 3-02-01 所示,保存并关闭设计视图。

职工基本信息表

编号	姓名	性别	年龄	职务	所属部门	聘用时间	*部门名称*
000001	李四	男	24	职员	04	1997/3/5	财务部
000002	张三	女	23	职员	04	1998/2/6	财务部
000003	程鑫	男	20	职员	03	1999/1/3	人力部
000004	刘红兵	男	25	主管	03	1996/6/9	人力部
000005	钟舒	女	35	经理	02	1995/8/4	开发部
000006	江滨	女	30	主管	04	1997/6/5	财务部

图 3-02-01　报表视图

〖本题小结〗

本题涉及在报表中添加标签控件和文本框控件，并对其常用属性进行设置的操作。难点是 DLookUp()函数的使用。

第 03 题

素材文件夹中有一个数据库文件 samp3.accdb，其中存在已经设计好的窗体对象 fTest 及宏对象 m1。请在此基础上按照以下要求补充窗体设计。

(1) 在窗体的窗体页眉节区添加一个标签控件，名称为 bTitle，标题为“窗体测试样例”。

(2) 在窗体主体节区添加两个复选框选控件，复选按钮分别命名为 opt1 和 opt2，对应的复选框标签显示内容分别为“类型 a”和“类型 b”，标签名称分别为 bopt1 和 bopt2。

(3) 分别设置复选选项按钮 opt1 和 opt2 的“默认值”属性为假值。

(4) 在窗体页脚节区添加一个命令按钮，命名为“bTest”，按钮标题为“测试”。

(5) 设置命令按钮 bTest 的单击事件属性为给定的宏对象 m1。

(6) 将窗体标题设置为“测试窗体”。

注意：不能修改窗体对象 fTest 中未涉及的属性；不能修改宏对象 m1。

〖解题思路〗

第(1)、(2)、(3)、(4)小题在窗体的设计视图中添加控件，并右击该控件属性，对控件属性进行设置；第(5)小题设置按钮属性；第(6)小题直接右击窗体选择器，选择【属性】菜单项，设置标题。

〖操作步骤〗

(1) 打开数据库文件 samp3.accdb。

步骤 1：在窗体对象 fTest 上右击，选择【设计视图】菜单项，打开设计视图。

步骤 2：选择工具箱“标签”控件，单击窗体页眉节区适当位置，输入“窗体测试样例”。右击“窗体测试样例”标签，选择【属性】菜单项，弹出属性表窗口，在属性表窗口中选“全部”选项卡，在“名称”行输入 bTitle。

(2) 通过窗体设计视图完成此题。

步骤 1：选择工具箱“复选框”控件，单击窗体主体节区适当位置。在属性表窗口的“名称”行输入 opt1。

步骤 2：单击“复选框”标签，在“名称”行输入 bopt1，在“标题”行输入“类型 a”，关闭属性界面。按步骤 1、2 创建另一个复选框控件。

(3) 通过窗体设计视图完成此题。

单击 opt1 复选框，在“默认值”行输入＝False。相同方法设置另一个复选框按钮。

(4) 通过窗体设计视图完成此题。

步骤1：选择工具栏中的"命令按钮"控件，单击窗体页脚节区适当位置，弹出"命令按钮向导"对话框，单击"取消"按钮。

步骤2：在属性表窗口的"名称"和"标题"行分别输入 bTest 和"测试"。

(5) 在"事件"选项卡的"单击"行列表中选中 m1。

(6) 通过窗体设计视图完成此题。

步骤1：单击"窗体选择器"，在属性表窗口"标题"行输入"测试窗体"，关闭属性表窗口。

步骤2：切换到窗体视图，运行窗体。单击工具栏中的"保存"按钮，关闭设计视图。

〖**本题小结**〗

本题涉及在窗体中添加标签、命令按钮、复选框控件及其属性的设置操作，要掌握不同对象的常用属性的设置。

第04题

素材文件夹中有一个数据库文件 samp3. accdb，其中存在已经设计好的表对象 tEmployee 和宏对象 m1，同时还有以 tEmployee 为数据源的窗体对象 fEmployee。请在此基础上按照以下要求补充窗体设计。

(1) 在窗体的窗体页眉节区添加一个标签控件，名称为 bTitle，初始化标题显示为"雇员基本信息"，字体名称为"黑体"，字号大小为18。

(2) 将命令按钮 bList 的标题设置为"显示雇员情况"。

(3) 单击命令按钮 bList，要求运行宏对象 m1；单击事件代码已提供，请补充完整。

(4) 取消窗体的水平滚动条和垂直滚动条；取消窗体的最大化和最小化按钮。

(5) 在"窗体页眉"中距左边0.5厘米，上边0.3厘米处添加一个标签控件，控件名称为 Tda，标题为"系统日期"。窗体加载时，将添加标签标题设置为系统当前日期。窗体"加载"事件已提供，请补充完整。

注意：不能修改窗体对象 fEmployee 中未涉及的控件和属性；不能修改表对象 tEmployee 和宏对象 m1。

程序代码只允许在*****Add*****与*****Add*****之间的空行内补充一行语句、完成设计，不允许增删和修改其他位置已存在的语句。

〖**解题思路**〗

第(1)、(2)、(4)、(5)小题在窗体的设计视图中添加控件或直接通过属性表窗口设置不同对象的属性；第(3)、(5)小题设置事件代码，实现动态修改对象属性的功能。

〖**操作步骤**〗

(1) 打开数据库文件 samp3. accdb。

步骤1：在设计视图中打开窗体 fEmployee，在主体和窗体页眉之间当鼠标指针变形状时拖动鼠标，拉开页眉区域。

步骤2：选择工具箱“标签”控件，然后单击窗体页眉节区任一点，输入“雇员基本信息”，单击窗体任一点，结束输入。右击“雇员基本信息”标签，从弹出的快捷菜单中选择【属性】菜单项，在“属性表”窗口的“全部”选项卡的“名称”行输入bTitle，在“字体名称”和“字号”行列表中选中“黑体”和18。

（2）在设计视图中单击窗体页脚区域的命令按钮bList，在“全部”选项卡下的“标题”行输入“显示雇员情况”。

（3）通过事件过程输入代码。

步骤1：在属性表窗口选择“事件”，在“单击”行选“事件过程”，再单击右侧的…按钮，弹出代码编辑窗口，在空行内输入如下代码：

```
'*****Add1*****
DoCmd.RunMacro  "m1"
'*****Add1*****
```

关闭代码窗口。

注意：右击命令按钮bList，从快捷菜单中选择“事件生成器”也可以进入代码编辑窗口。

（4）通过窗体设计视图完成此题。

在设计视图中单击“窗体选择器”，分别在“格式”选项卡的“滚动条”和“最大化最小化按钮”行列表中选中“两者均无”和“无”。

（5）通过设计视图完成此题。

步骤1：在设计视图中选中工具箱“标签”控件，单击窗体页眉节区任一点，输入“系统日期”，然后单击窗体任一点结束输入。

步骤2：右击“系统日期”标签，在“全部”选项卡的“名称”行输入Tda，在“上边距”和“左边距”行分别输入0.3cm和0.5cm。

步骤3：在设计视图中单击“窗口选择器”按钮，在属性表窗口选择“事件”，在“加载”行选“事件过程”，再单击右侧的…按钮，弹出代码编辑窗口，在空行内输入如下代码：

```
'*****Add1*****
Tda.Caption=Date
'*****Add1*****
```

切换设计视图到窗体视图，运行窗体，查看效果，单击“保存”按钮，关闭窗口。

〖**本题小结**〗

本题涉及在窗体中添加标签控件及属性设置，设置命令按钮属性及编辑不同事件过程的代码，通过代码对窗口中对象的属性进行动态设置。难点是正确书写运行宏的代码。

第05题

素材文件夹中有一个数据库文件samp3.accdb，其中存在已经设计好的表对象tBand

和 tLine,同时还有以 tBand 和 tLine 为数据源的报表对象 rBand。请在此基础上按照以下要求补充报表设计。

(1) 在报表的报表页眉节区添加一个标签控件,名称为 bTitle,标题显示为"团队旅游信息表",字体为"宋体",字号为 22,字体粗细为"加粗",倾斜字体为"是"。

(2) 在"导游姓名"字段标题对应的报表主体区添加一个控件,显示出"导游姓名"字段值,并命名为 tName。

(3) 在报表的报表页脚区添加一个计算控件,要求依据"团队 ID"来计算并显示团队的个数。计算控件放置在"团队数:"标签的右侧,计算控件命名为 bCount。

(4) 将报表标题设置为"团队旅游信息表"。

注意:不能改动数据库文件中的表对象 tBand 和 tLine;不能修改报表对象 rBand 中已有的控件和属性。

〖**解题思路**〗

第(1)小题在报表中添加标签控件,并通过属性表窗口设置属性,第(2)、(3)小题添加文本框控件并设置属性,第(4)小题设置整个报表的属性。

〖**操作步骤**〗

(1) 打开数据库文件 samp3. accdb。

步骤 1:在报表对象 rBand 上右击,选择【设计视图】菜单项,进入报表设计视图。

步骤 2:拉开报表页眉区,选择工具箱中的"标签"控件,单击报表页眉节区任一点,输入"团队旅游信息表",然后再单击报表任一点,结束输入。

步骤 3:右击"团队旅游信息表"标签,从弹出的快捷菜单中选择【属性】菜单项,在属性表窗口的"名称"行输入 bTitle,在"字体"和"字号"行分别选中下拉列表中的"宋体"和 22,在"字体粗细"和"倾斜字体"行分别选中"加粗"和"是"。

(2) 通过报表设计视图完成此题。

步骤 1:在设计视图中在工具箱中选中"文本框"控件,单击报表主体节区适当位置,生成 Text 和"未绑定"文本框。选中 Text,按 Del 键删除。

步骤 2:单击"未绑定"文本框,在"名称"行输入 tName,在"控件来源"下拉列表中选中"导游姓名"。

(3) 通过报表设计视图完成此题。

步骤 1:在设计视图中的工具箱中选中"文本框"控件,单击报表页脚节区,生成 Text 和"未绑定"文本框。选中 Text,按 Del 键删除。

步骤 2:右击"未绑定"文本框,在"名称"行输入 bCount,在"控件来源"行输入"=Count(团队 ID)"。

(4) 通过报表设计视图完成此题。

在设计视图中单击"报表选择器",在"标题"行输入"团队旅游信息表",关闭属性表窗口。单击工具栏中"保存"按钮,切换到报表视图,浏览报表,关闭视图。

〖本题小结〗

本题涉及在报表中添加标签、文本框及其属性的设置，其中第(3)小题的设置文本框控件来源的表达式书写是本题的难点，用到了统计函数 Count()。

第 06 题

素材文件夹下有一个数据库文件 samp3. accdb，里面已经设计好表对象 tBorrow、tReader 和 tRook，查询对象 qT，窗体对象 fReader，报表对象 rReader 和宏对象 rpt。请在此基础上按以下要求补充设计。

(1) 在报表的报表页眉节区内添加一个标签控件，其名称为 bTitle，标题显示为“读者借阅情况浏览”，字体名称为“黑体”，字体大小为 22，同时将其安排在距上边 0.5 厘米、距左侧 2 厘米的位置上。

(2) 设计报表 rReader 的主体节区内 tSex 文本框控件依据报表记录源的“性别”字段值来显示信息。

(3) 将宏对象 rpt 改名为 mReader。

(4) 在窗体对象 fReader 的窗体页脚节区内添加一个命令按钮，命名为 bList，按钮标题为“显示借书信息”，其单击事件属性设置为宏对象 mReader。

(5) 窗体加载时设置窗体标题属性为系统当前日期。窗体“加载”事件的代码已提供，请补充完整。

注意：不允许修改窗体对象 fReader 中未涉及的控件和属性；不允许修改表对象 tBorrow、tReader 和 tBook 及查询对象 qT；不允许修改报表对象 rReader 的控件和属性。

程序代码只能在*****Add*****与*****Add*****之间的空行内补充一行语句，完成设计，不允许增删和修改其他位置已存在的语句。

〖解题思路〗

第(1)、(4)小题分别在报表和窗体设计视图中添加控件，并通过属性表窗口设置相应属性；第(2)小题选择控件设置属性；第(3)小题重命名宏的名称；第(5)小题通过查看代码按钮，在代码窗口输入代码。

〖操作步骤〗

(1) 打开数据库文件 samp3. accdb，单击导航按钮，显示所有 Access 对象。

步骤 1：右击报表对象 rReader，选择【设计视图】菜单项，打开报表设计视图。

步骤 2：在任一报表空白区右击，选择【报表页眉/页脚】菜单项，显示出报表页眉区，选中工具箱中“标签”控件按钮，单击报表页眉处，然后输入“读者借阅情况浏览”。单击设计视图任意处，右击该标签，从弹出的快捷菜单中选择【属性】菜单项，弹出属性表窗口。

步骤 3：选中“全部”选项卡，在“名称”行输入 bTitle。

步骤 4：单击“格式”选项卡，分别在“字体名称”和“字号”行右侧下拉列表中选中“黑体”和 22，分别在“左边距”和“上边距”行输入 2cm 和 0.5cm，单击工具栏中“保存”按钮。

（2）通过报表设计视图完成此题。

步骤 1：右击“未绑定”文本框 tSex，在属性表窗口“控件来源”行右侧下拉列表中选中“性别”。

步骤 2：单击工具栏中“保存”按钮，关闭设计视图。

（3）重命名宏对象。

步骤 1：右击宏对象 rpt，从弹出的快捷菜单中选择【重命名】菜单项。

步骤 2：在光标处输入 mReader。

（4）通过窗体设计视图完成此题。

步骤 1：右击窗体对象 fReader，选择【设计视图】菜单项，打开窗体设计视图。

步骤 2：选中工具栏“按钮”控件，单击窗体页脚区适当位置，弹出一对话框，单击“取消”按钮。

步骤 3：右击该命令按钮选择【属性】菜单项，单击“全部”选项卡标签，在“名称”和“标题”行输入 bList 和“显示借书信息”。

步骤 4：单击“事件”选项卡标签，在“单击”行右侧下拉列表中选中 mReader，关闭属性表窗口。

（5）通过代码生成器输入代码。

在设计视图中单击工具栏“查看代码”按钮，或右击空白区域，选择【事件生成器】菜单项，再选择代码生成器，进入编程环境，在空行内输入代码：

```
'*****Add*****
Form.Caption=Date
'*****Add*****
```

切换到窗体视图，运行窗体，单击工具栏中“保存”按钮，关闭设计视图。

〖**本题小结**〗

本题涉及在报表和窗体中添加标签框控件及文本框控件，并通过属性表窗口对属性进行设置；改变宏的名称，设置窗体中命令按钮的单击事件以运行宏，以及通过代码窗口输入代码，动态改变窗口的标题属性等。第(5)小题中通过代码动态设置窗体的属性是本题的难点。

第 07 题

素材文件夹中有一个数据库文件 samp3.accdb，其中存在已经设计好的表对象 tEmp、窗体对象 fEmp、报表对象 rEmp 和宏对象 mEmp。请在此基础上按照以下要求补充设计：

（1）将表对象 tEmp 中“聘用时间”字段的格式调整为“长日期”显示、“性别”字段的有效性文本设置为“只能输入男和女”。

(2) 设置报表 rEmp 按照"性别"字段降序(先女后男)排列输出;将报表页面页脚区内名为 tPage 的文本框控件设置为"页码/总页数"形式的页码显示(如 1/35、2/35、…)。

(3) 将 fEmp 窗体上名为 bTitle 的标签上移到距 btnp 命令按钮 1 厘米的位置(即标签的下边界距命令按钮的上边界 1 厘米)。同时,将窗体按钮 btnp 的单击事件属性设置为宏 mEmp。

注意:不能修改数据库中的宏对象 mEmp;不能修改窗体对象 fEmp 和报表对象 rEmp 中未涉及的控件和属性;不能修改表对象 tEmp 中未涉及的字段和属性。

〖**解题思路**〗

第(1)小题在表设计视图中设置字段属性;第(2)、(3)小题分别在报表和窗体设计视图中右击控件,选择【属性】菜单项,对控件属性进行设置。

〖**操作步骤**〗

(1) 打开数据库文件 samp3.accdb,单击导航按钮,显示所有 Access 对象。

步骤 1:右击表对象 tEmp,从快捷菜单中选择【设计视图】菜单项,进入设计视图。

步骤 2:单击"聘用时间"字段行,在"字段属性"的"格式"行下拉列表中选中"长日期"。

步骤 3:单击"性别"字段,在"字段属性"的"有效性文本"行输入"只能输入男和女",注意不要输入两端的引号。

步骤 4:单击工具栏中"保存"按钮,关闭设计视图。

(2) 通过报表设计视图完成此题。

步骤 1:右击报表对象 rEmp,从快捷菜单中选择【设计视图】菜单项,进入报表设计视图。

步骤 2:单击工具栏"分组和排序"按钮,弹出"分组、排序和汇总"子窗口,单击"添加组"按钮,在字段列表中选择"性别"。在排序下拉列表中选择"降序"。

步骤 3:右击"未绑定"文本框 tPage,从快捷菜单中选择【属性】菜单项,在属性表窗口"全部"选项卡的"控件来源"行输入"=[Page]&"/"&[Pages]"。

步骤 4:切换到报表视图,预览报表,单击"保存"按钮,关闭设计视图。

(3) 通过窗体设计视图完成此题。

步骤 1:右击窗体对象 fEmp,从快捷菜单中选择【设计视图】菜单项,进入设计视图。

步骤 2:右击标题为"输出"的命令按钮 btnp,从快捷菜单中选择【属性】菜单项,在属性表窗口中查找"上边距"行为 3cm。

步骤 3:右击 bTitle 标签,查找到该标签高度是 1cm,要使得两控件相差 1cm,所以设置控件 bTitle 的"上边距"属性为 1cm。

步骤 4:单击标题为"输出"的命令按钮 btnp,在"事件"选项卡的"单击"行右侧下拉列表中选中 mEmp,关闭属性表窗口。

步骤 5:切换设计视图到窗体视图,查看运行效果,单击工具栏中"保存"按钮,关闭设计视图。

〖本题小结〗

本题涉及表中字段属性格式和有效性文本设置；涉及报表中设置分组排序和文本框属性设置；涉及窗体中命令按钮控件属性和标签位置属性的设置等。在报表中设置页码显示方式是本题的难点，要注意表达式的正确书写。

第08题

素材文件夹中有一个数据库文件 samp3. accdb，其中存在已经设计好的表对象 tAddr 和 tUser，同时还有窗体对象 fEdit 和 fEuser。请在此基础上按照以下要求补充 fEdit 窗体的设计。

(1) 将窗体中名称为 Lremark 的标签控件上的文字颜色改为红色(红色代码为 255)、字体粗细改为"加粗"。

(2) 将窗体标题设置为"修改用户信息"。

(3) 将窗体边框改为"对话框边框"样式，取消窗体中的水平和垂直滚动条、记录选定器、浏览按钮和分隔线。

(4) 将窗体中"退出"命令按钮(名称为 cmdquit)上的文字颜色改为深红(深红代码为 128)、字体粗细改为"加粗"，并给文字加上下划线。

(5) 在窗体中还有"修改"和"保存"两个命令按钮，名称分别为 CmdEdit 和 CmdSave，其中"保存"命令按钮在初始状态为不可用，当单击"修改"按钮后，应使"保存"按钮变为可用。现已编写了部分 VBA 代码，请按照 VBA 代码中的指示将代码补充完整。

要求：修改后运行该窗体，并查看修改结果。

注意：不能修改窗体对象 fEdit 和 fEuser 中未涉及的控件、属性；不能修改表对象 tAddr 和 tUser。

程序代码只允许在**********与**********之间的空行内补充一行语句、完成设计，不允许增删和修改其他位置已存在的语句。

〖解题思路〗

第(1)、(2)、(3)、(4)小题都是在设计视图中通过属性表窗口对控件属性进行设置；第(5)小题通过右击控件名并选择【事件生成器】菜单项，进入代码编辑窗口，输入相应代码。

〖操作步骤〗

(1) 打开数据库文件 samp3. accdb。

步骤 1：右击窗体对象 fEdit，从弹出的快捷菜单中选择【设计视图】菜单项。

步骤 2：右击标题是"用户名不能超过 10 位"的标签 Lremark，从弹出的快捷菜单中选择【属性】菜单项。

步骤 3：单击"格式"选项卡，在"前景色"行输入 255，在"字体粗细"行的下拉列表中选中“加粗”。

(2) 单击“窗体选择器”,在“格式”选项卡的标题行输入“修改用户信息”。

(3) 通过窗体设计视图完成此题。

步骤1:在“边框样式”行右侧下拉列表中选中“对话框边框”。

步骤2:在“滚动条”右侧下拉列表中选中“两者均无”、分别在“记录选择器”、“导航按钮”和“分隔线”的右侧下拉列表中选中“否”。

(4) 通过窗体设计视图完成此题。

右击命令按钮“退出”,单击“格式”选项卡标签,在“前景色”行输入128,在“字体粗细”行的下拉列表中选中“加粗”,在“下划线”行右侧下拉列表中选中“是”,关闭属性表窗口。

(5) 通过代码编辑窗口输入代码。

在设计视图中右击命令按钮“修改”,从弹出的快捷菜单中选择【事件生成器】菜单项,在空行内输入代码:

```
******* 请在下面添加一条语句 *****
CmdSave.Enabled=True
************************
```

关闭代码编辑窗口,单击“保存”按钮,切换到窗体视图,浏览窗体。关闭Access。

〖本题小结〗

本题涉及在窗体中选择不同的控件,并对其属性进行设置,尤其是控件前景色的设置。第(5)小题涉及通过代码对控件的属性进行动态设置,相对较难。

第09题

素材文件夹中有一个数据库文件samp3.accdb,里面已经设计好表对象tBorrow、tReader和tBook,查询对象qT,窗体对象fReader,报表对象rReader和宏对象rPt。请在此基础上按以下要求补充设计。

(1) 在报表rReader的报表页眉节区内添加一个标签控件,其名称为bTitle,标题显示为“读者借阅情况浏览”,字体名称为“黑体”,字体大小为22,并将其安排在距上边0.5厘米、距左侧2厘米的位置。

(2) 设计报表rReader的主体节区为tSex文本框控件,设置数据来源显示性别信息,并要求按“借书日期”字段升序显示,“借书日期”的显示格式为“长日期”形式。

(3) 将宏对象rpt改名为mReader。

(4) 在窗体对象fReader的窗体页脚节区内添加一个命令按钮,命名为bList,按钮标题为“显示借书信息”,其单击事件属性设置为宏对象mReader。

(5) 窗体加载时设置窗体标题属性为系统当前日期。窗体“加载”事件代码已提供,请补充完整。

注意：不允许修改窗体对象 fReader 中未涉及的控件和属性；不允许修改表对象 tBorrow、tReader 和 tBook 及查询对象 qT；不允许修改报表对象 rReader 的控件和属性。

程序代码只允许在*****Add*****与*****Add*****之间的空行内补充一行语句、完成设计，不能增删和修改其他位置上已存在的语句。

〖解题思路〗

第(1)、(2)小题在报表视图中的不同区域添加控件和设置控件的属性，第(3)小题重命名宏对象的名称，第(4)、(5)小题在窗体中添加并设置命令按钮的属性，通过代码动态设置其他对象的属性。

〖操作步骤〗

(1) 打开数据库文件 samp3.accdb，通过导航窗口显示出报表对象。

步骤 1：右击报表对象 rReader，从弹出的快捷菜单中选择【设计视图】菜单项，进入报表设计视图。

步骤 2：右击报表空白处，选择【报表页眉/页脚】菜单项，显示出报表页眉区。选中工具箱中"标签"控件按钮，单击报表页眉处，然后输入"读者借阅情况浏览"，单击设计视图任意处。

步骤 3：右击"读者借阅情况浏览"标签，从弹出的快捷菜单中选择【属性】菜单项，弹出属性表窗口。

步骤 4：选中"全部"选项卡，在"名称"行输入 bTitle。

步骤 5：单击"格式"选项卡，分别在"字体名称"和"字号"行右侧下拉列表中选中"黑体"和 22，分别在"左边距"和"上边距"行输入 2cm 和 0.5cm，单击工具栏中"保存"按钮。

(2) 通过报表设计视图完成此题。

步骤 1：右击未绑定文本框 tSex，在"控件来源"行右侧下拉列表中选中字段"性别"。

步骤 2：单击工具栏"分组和排序"，弹出"分组、排序和汇总"子窗口，单击"添加组"按钮，在"选择字段"列的下拉列表中选中"借书日期"，默认排序为升序，关闭子窗口。

步骤 3：在主体区单击文本框"借书日期"，在属性表窗口"全部"选项卡的格式行右侧下拉列表选中"长日期"，关闭属性表窗口。

步骤 4：切换到报表视图，预览报表，单击"保存"按钮，关闭设计视图。

(3) 重命名宏对象。

步骤 1：右击宏对象 rpt，从快捷菜单中选择【重命名】菜单项。

步骤 2：在光标处输入 mReader，单击"保存"按钮。

(4) 通过窗体设计视图完成此题。

步骤 1：右击窗体对象 fReader，从快捷菜单中选择【设计视图】菜单项。

步骤 2：选中工具栏"命令"按钮控件，单击窗体页脚节区适当位置，弹出对话框，单击"取消"按钮。

步骤 3：右击该命令按钮，从快捷菜单中选择【属性】菜单项，单击"全部"选项卡，在"名称"和"标题"行输入 bList 和"显示借书信息"。

步骤 4：单击“事件”选项卡，在“单击”行右侧下拉列表中选中 mReader，关闭属性表窗口。

(5) 通过代码编辑窗口输入代码。

单击工具栏“查看代码”按钮，进入编程环境，在空行内输入代码：

```
'*****Add*****
Form.Caption=Date
'*****Add*****
```

关闭代码编辑窗口，切换到窗体视图，查看运行效果。单击工具栏中“保存”按钮，关闭 Access。

〖本题小结〗

本题涉及在报表中指定区添加标签控件，设置标签和文本框控件的属性、宏的重命名、窗体中添加命令按钮控件，并设置属性等操作。显示出题目要求的报表区和通过代码窗口输入代码是本题的难点。

第 10 题

素材文件夹中有一个数据库文件 samp3. accdb，里面已经设计了表对象 tEmp 和窗体对象 fEmp。同时，给出窗体对象 fEmp 上“计算”按钮(名为 bt)的单击事件代码，试按以下要求完成设计。

(1) 设置窗体对象 fEmp 的标题为“信息输出”。

(2) 将窗体对象 fEmp 上名为 bTitle 的标签以红色显示其标题。

(3) 删除表对象 tEmp 中的“照片”字段。

(4) 按照以下窗体功能，补充事件代码设计。

窗体功能：打开窗体、单击“计算”按钮(名为 bt)，事件过程使用 ADO 数据库技术计算出表对象 tEmp 中党员职工的平均年龄，然后将结果显示在窗体的文本框 tAge 内并写入外部文件中。

注意：不能修改数据库中表对象 tEmp 未涉及的字段和数据；不允许修改窗体对象 fEmp 中未涉及的控件和属性。

程序代码只允许在*****Add*****与*****Add*****之间的空行内补充一行语句、完成设计，不允许增删和修改其他位置上已存在的语句。

〖解题思路〗

第(1)、(2)小题在窗体设计视图右击控件并选择【属性】菜单项，设置属性；第(3)小题在数据表中设置删除字段；第(4)小题单击控件选择【事件生成器】菜单项，输入代码。

〖操作步骤〗

(1) 打开数据库文件 samp3. accdb，通过导航窗口显示出所有 Access 对象。

步骤 1：右击窗体对象 fEmp，在弹出的快捷菜单中选择【设计视图】菜单项。

步骤 2：单击“窗体选择器”，在弹出的快捷菜单中选择【属性】菜单项，在属性表窗口的“格式”选项卡的“标题”行输入“信息输出”。

(2) 通过窗体设计视图完成此题。

右击标题为“信息输出”的标签 bTitle，单击属性表窗口“格式”选项卡，在“前景色”行输入 255，单击“保存”按钮。

(3) 通过数据表视图完成此题。

步骤 1：双击表对象 tEmp，打开数据表窗口。

步骤 2：选择“照片”字段列，右击“照片”列，在弹出的快捷菜单中选择【删除字段】菜单项，在弹出的对话框中单击“是”按钮。

步骤 3：单击工具栏中“保存”按钮，关闭数据表窗口。

(4) 通过代码编辑窗口输入代码。

右击窗体中标题为“计算”的命令按钮，在弹出的快捷菜单中选择【事件生成器】菜单项，在空行内输入代码：

```
'*****Add1*****
If rs.RecordCount=0 Then
'*****Add1*****
'*****Add2*****
tAge=sage
'*****Add2*****
```

分析：从给定的代码中可以看出第 1 处要填的代码是判断结构的 If 语句，要根据记录数来判断，第 2 处是将查询的平均年龄送到文本框中显示。代码虽简单，要细细体会，掌握编程的要义。

关闭代码编辑窗口，切换到窗体视图，浏览窗体。单击工具栏中“保存”按钮，关闭 Access。

〖**本题小结**〗

本题涉及设置窗体及其中对象的属性，涉及设置命令按钮的事件代码编制，涉及删除表中指定的字段等操作。其中，针对命令按钮对象，编制和完善相应代码，实现指定功能是本题的难点，既要掌握程序的基本结构，又要理解如何通过语句来实现程序的实际功能。

第 11 题

素材文件夹中有一个数据库文件 samp3. accdb，里面已经设计了表对象 tEmp、窗体对象 fEmp、宏对象 mEmp 和报表对象 rEmp。同时，给出窗体对象 fEmp 的“加载”事件和“预览”及“打印”两个命令按钮的单击事件代码，请按以下功能要求补充设计。

(1) 将窗体 fEmp 上标签 bTitle 以“特殊效果：阴影”显示。

(2) 已知窗体 fEmp 上的 3 个命令按钮中,按钮 bt1 和 bt3 的大小一致且左对齐。现要求在不更改 bt1 和 bt3 大小位置的基础上,调整按钮 bt2 的大小和位置,使其大小与 bt1 和 bt3 相同,水平方向左对齐 bt1 和 bt3,竖直方向在 bt1 和 bt3 之间的位置。

(3) 在窗体 fEmp 的"加载"事件中设置标签 bTitle 以红色文本显示;单击"预览"按钮(名为 bt1)或"打印"按钮(名为 bt2),事件过程传递参数调用同一个用户自定义代码(mdPnt)过程,实现报表预览或打印输出;单击"退出"按钮(名为 bt3),调用设计好的宏 mEmp 以关闭窗体。

(4) 将报表对象 rEmp 的记录源属性设置为表对象 tEmp。

注意:不要修改数据库中的表对象 tEmp 和宏对象 mEmp;不要修改窗体对象 fEmp 和报表对象 rEmp 中未涉及的控件和属性。

程序代码只允许在*****Add*****与*****Add*****之间的空行内补充一行语句,完成设计,不允许增删和修改其他位置已存在的语句。

〖解题思路〗

第(1)、(2)小题在窗体的设计视图中通过属性表窗口设置控件的属性,第(3)小题要进入代码编辑窗口输入代码,第(4)小题设置报表的属性。

〖操作步骤〗

(1) 打开数据库文件 samp3. accdb。

步骤 1: 右击窗体对象 fEmp,从弹出的快捷菜单中选择【设计视图】菜单项。

步骤 2: 右击标题为"职工信息表输出"的标签控件 bTitle,从弹出的快捷菜单中选择【属性】菜单项,在属性表出口格式选项卡的"特殊效果"行右侧下拉列表中选择"阴影"。

(2) 通过窗体设计视图完成此题。

步骤 1: 右击标题为"预览"的按钮控件 bt1,查看"左边距"、"上边距"、"宽度"和"高度",并记录下来。

步骤 2: 右击标题为"退出"的按钮控件 bt3,查看"上边距",并记录下来。

步骤 3: 要设置 bt2 与 bt1 大小一致、左对齐且位于 bt1 和 bt3 之间,右击标题为"打印"的按钮控件 bt2,分别在"左边距"、"上边距"、"宽度"和"高度"行输入 3cm、2.5cm、3cm 和 1cm,单击工具栏中的"保存"按钮。

(3) 通过代码窗口输入代码。

步骤 1: 单击工具栏中的"查看代码"按钮,进入编码环境。

步骤 2: 在空行内分别输入以下代码:

```
'*****Add1*****"
bTitle.ForeColor=vbRed
'*****Add1*****"
'*****Add2*****"
mdPnt acViewPreview
'*****Add2*****"
```

步骤 3：退出编程环境。

步骤 4：单击标题为“退出”的按钮控件 bt3，在属性表窗口事件选项卡的“单击”行选中宏 mEmp。

步骤 5：保存窗体，切换到窗体视图，浏览窗体，关闭窗体视图。

（4）通过报表设计视图完成此题。

步骤 1：通过导航窗口，显示出所有 Access 对象。右击报表对象 rEmp，从弹出的快捷菜单中选择【设计视图】菜单项。

步骤 2：单击“报表选择器”，从弹出的快捷菜单中选择【属性】菜单项，在“记录源”行右侧下拉列表中选中 tEmp，关闭属性表窗口。

步骤 3：单击工具栏中的“保存”按钮，切换视图，浏览报表，关闭设计界面，退出 Access。

〖**本题小结**〗

本题涉及设置窗体、报表中不同对象的常用属性，第(3)小题中通过代码动态设置属性或实现相应功能是本题的难点，常用的代码要熟记，如红色的常量表示，对象的属性名等。

第 12 题

数据库文件 samp3. acddb 中已经设计了表对象 tEmp、窗体对象 fEmp、报表对象 rEmp 和宏对象 mEmp。请在此基础上按照以下要求补充设计。

（1）将报表 rEmp 的报表页眉区内名为 bTitle 标签控件的标题文本在标签区域中居中显示，同时将其放在距上边 0.5 厘米、距左侧 5 厘米处。

（2）设计报表 rEmp 的主体节区内 tSex 文本框件控件依据报表记录源的“性别”字段值来显示信息：性别为 1，显示“男”；性别为 2，显示“女”。

（3）将 fEmp 窗体上名为 bTitle 的标签文本颜色改为红色。同时，将窗体按钮 btnP 的单击事件属性设置为宏 mEmp，以完成单击按钮打开报表的操作。

注意：不允许修改数据库中的表对象 tEmp 和宏对象 mEmp；不允许修改窗体对象 fEmp 和报表对象 rEmp 中未涉及的控件和属性。

〖**解题思路**〗

第(1)、(2)小题在报表中设置控件的属性，第(3)、(4)小题在窗体中设置控件的属性。

〖**操作步骤**〗

（1）打开数据库文件 samp3. accdb，在导航窗口显示出全部对象。

步骤 1：右击报表对象 rEmp，选择【设计视图】菜单项，打开报表设计视图。

步骤 2：右击标签控件 bTitle，选择【属性】菜单项，在属性表窗口的“文本对齐”行右侧下拉列表中选中“居中”。分别在“左边距”和“上边距”行输入 5cm 和 0.5cm。

(2) 通过报表设计视图完成此题。

单击未绑定文本框控件 tSex,在控件来源行输入"=IIf([性别]=1,"男","女")",保存报表,切换到报表视图浏览,并关闭设计视图。

(3) 通过窗体设计视图完成此题。

步骤 1:右击窗体对象 fEmp,选择【设计视图】菜单项,进入窗体设计视图。

步骤 2:右击标题为"职工信息输出"的标签控件 bTitle,选择【属性】菜单项。在属性表窗口单击"前景色"右侧生成器按钮,在弹出的对话框中选中红色,或者直接输入 255。

步骤 3:右击标题为"输出"的命令按钮 btnP,单击"事件"选项卡,在"单击"行右侧下拉列表中选中 mEmp。关闭属性表窗口。

步骤 4:单击工具栏中"保存"按钮,切换到窗体视图浏览,并关闭设计视图。

〖**本题小结**〗

本题涉及在报表和窗体中对不同的控件设置相应的属性的操作,其中,第(3)小题的 IIF()函数的应用是本题的难点。

第 13 题

素材文件夹中有一个数据库文件 samp3. accdb,其中存在已经设计好的表对象 tEmp、窗体对象 fEmp、报表对象 rEmp 和宏对象 mEmp。请在此基础上按照以下要求补充设计。

(1) 将报表 rEmp 的报表页眉区域内名为 bTitle 标签控件的标题显示为"职工基本信息表",同时将其放在距上边 0.5 厘米、距左侧 5 厘米的位置。

(2) 设置报表 rEmp 的主体节区内 tSex 文本框件控件显示"性别"字段中的数据。

(3) 将窗体按钮 btnP 的单击事件设置为宏 mEmp,以完成单击按钮打开报表的操作。

(4) 窗体加载时将素材文件夹中的图片文件 test. bmp 设置为窗体 fEmp 的背景。窗体"加载"事件的部分代码已提供,请补充完整。要求背景图片文件当前路径必须用 CurrentProject. Path 获得。

注意:不能修改数据库中的表对象 tEmp 和宏对象 mEmp;不能修改窗体对象 fEmp 和报表对象 rEmp 中未涉及的控件和属性。

程序代码只允许在*****Add*****与*****Add*****之间的空行内补充一行语句、完成设计,不允许增删和修改其他位置已存在的语句。

〖**解题思路**〗

第(1)、(2)小题通过属性表窗口设置报表中对象的属性,第(3)、(4)小题通过属性表窗口设置窗体中对象的属性,并通过事件生成器,进入代码编辑窗口,输入代码。

〖操作步骤〗

(1) 打开数据库文件 samp3.accdb,在导航窗口显示出全部对象。

步骤 1:右击报表对象 rEmp,选择【设计视图】菜单项,进入报表设计视图。

步骤 2:右击鼠标,选择【属性】菜单项,弹出属性表窗口,在该窗口的上部组合框中选中 bTitle 标签控件,在"标题"行输入"职工基本信息表",在"上边距"和"左边距"行分别输入 0.5cm 和 5cm。

(2) 通过报表设计视图完成此题。

在属性表窗口上部组合框中选中 tSex,在"控件来源"行右侧下拉列表中选中"性别"。单击"保存"按钮,切换到报表视图,预览报表,并关闭报表设计视图。

(3) 通过窗体设计视图完成此题。

步骤 1:右击窗体对象 fEmp,选择【设计视图】菜单项,进入窗体设计视图。

步骤 2:右击标题为"输出"的命令按钮控件 btnP,选择【属性】菜单项。

步骤 3:在属性表窗口单击"事件"选项卡标签,在"单击"行右侧下拉列表中选中 mEmp。

(4) 通过代码窗口输入代码。

步骤 1:右击"窗体选择器",在弹出快捷菜单中选择"事件生成器",进入编程环境,在空行内输入代码:

```
'*****Add*****
Form.Picture=CurrentProject.Path & "\test.bmp"
'*****Add*****
```

关闭界面。

步骤 2:切换到窗体视图浏览窗体,单击工具栏中"保存"按钮,关闭设计视图。

〖本题小结〗

本题涉及设置报表中对象和窗体中对象的属性等操作,第(4)小题中通过代码动态设置窗体背景是本题的难点。

第 14 题

素材文件夹中存在一个数据库文件 samp3.accdb,里面已经设计好表对象 tOrder、tDetail 和 tBook,查询对象 qSell,报表对象 rSell。请在此基础上按照以下要求补充 rSell 报表的设计。

(1) 对报表进行适当设置,使报表显示 qSell 查询中的数据。

(2) 对报表进行适当设置,使报表标题栏上显示的文字为"销售情况表";在报表页眉处添加一个标签,标签名为 lTitle,显示文本为"图书销售情况表",字体为"黑体"、颜色为棕色(棕色代码为 128)、字号为 20、字体粗细为"加粗",文字不倾斜。

(3) 对报表中名称为 txtMoney 的文本框控件进行适当设置，使其显示每本书的金额（金额＝单价 * 数量）。

(4) 在报表适当位置添加一个文本框控件（控件名称为 txtAvg），计算所有图书的平均单价。

说明：报表适当位置指报表页脚、页面页脚或组页脚。

要求：使用 Round 函数将计算出的平均单价保留两位小数。

(5) 在报表页脚处添加一个文本框控件（控件名称为 txtIf），判断所售图书的金额合计，如果金额合计大于 30000，txtIf 控件显示“达标”，否则显示“未达标”。

注意：不允许修改报表对象 rSell 中未涉及的控件、属性；不允许修改表对象 tOrder、tDetail 和 tBook，不允许修改查询对象 qSell。

〖解题思路〗

第(1)、(2)小题通过报表属性表窗口设置报表对象的属性，第(2)、(3)小题新增控件并设置相应属性，第(4)、(5)小题设置文本框的属性。

〖操作步骤〗

(1) 打开数据库文件 samp3. accdb，在导航窗口显示出全部对象。

步骤 1：右击报表对象 rSell，在快捷菜单中选择【设计视图】菜单项，进入报表设计窗口。

步骤 2：右击报表选择器并选择【属性】菜单项，在属性表窗口“记录源”列表中选中 qSell。

(2) 通过报表设计视图完成此题。

步骤 1：在“标题”行输入“销售情况表”。

步骤 2：右击报表区域名称处，选【报表页眉/页脚】菜单项，显示出报表页眉区。选中工具箱中“标签”控件按钮，单击报表页眉处，然后输入“图书销售情况表”，单击设计视图任意处，再单击该标签，选中属性表窗口“全部”选项卡，在“名称”行输入 lTitle；在“字体名称”行列表中选中“黑体”；在“前景色”行输入 128；在“字体粗细”行列表中选中“加粗”；在“倾斜字体”行列表中选中“否”；在“字号”行列表中选中 20；在设计视图调整标签大小，能完整显示出标题。

(3) 通过报表设计视图完成此题。

步骤 1：在属性表窗口上部组合框中选文本框控件 txtMoney。

步骤 2：在“控件来源”行输入“=[单价] * [数量]”。

(4) 通过报表设计视图完成此题。

步骤 1：选中工具箱中“文本框”控件按钮，单击报表页脚处，单击 Text 标签，按 Del 键删除。

步骤 2：单击刚建立的文本框控件，在属性表窗口“全部”选项卡的“名称”行输入 txtAvg；在“控件来源”行输入“=Round(Avg([单价]),2)”。

(5) 通过报表设计视图完成此题。

步骤 1：选中工具箱中“文本框”控件按钮，单击报表页脚处，单击 Text 标签，按 Del 键删除。

步骤 2：单击刚建立的文本框控件，在“全部”选项卡的名称行输入 txtIf；在“控件来源”行输入“=IIf(Sum([单价]*[数量])>30000,"达标","未达标")”。

步骤 3：切换到报表视图浏览，单击“保存”按钮，退出 Access。

〖本题小结〗

本题涉及在报表视图中设置报表、标签、文本框等控件的属性，尤其是设置文本框控件的数据源，第(4)、(5)小题分别用到了数学函数和判断函数，是本题的难点。

第 15 题

素材文件夹中存在一个数据库文件 samp3. accdb，里面已经设计了表对象 tEmp、窗体对象 fEmp、报表对象 rEmp 和宏对象 mEmp。同时，给出窗体对象 fEmp 的若干事件代码，试按以下功能要求补充设计。

功能：

(1) 将报表记录数据按姓氏分组升序排列，同时要求在相关组页眉区域添加一个文本框控件(命名为 tnum)，设置其属性输出显示各姓氏员工的人数来。

注意：这里不用考虑复姓情况。所有姓名的第一个字符视为其姓氏信息。而且，要求用 * 号或“编号”字段来统计各姓氏人数。

(2) 设置相关属性，将整个窗体的背景显示为素材文件夹内的图像文件 bk. bmp。

(3) 在窗体加载事件中实现代码重置窗体标题为“**年度报表输出”显示，其中**为两位的当前年度显示，要求用相关函数获取。

(4) 单击“报表输出”按钮(名为 bt1)，调用事件代码先设置“退出”按钮标题为粗体显示，然后以预览方式打开报表 rEmp；单击“退出”按钮(名为 bt2)，调用设计好的宏 mEmp 来关闭窗体。

注意：不允许修改数据库中的表对象 tEmp 和宏对象 mEmp；不允许修改窗体对象 fEmp 和报表对象 rEmp 中未涉及的控件和属性。

已给事件过程，只允许在*****Add*****与*****Add*****之间的空行内补充语句、完成设计，不允许增删和修改其他位置已存在的语句。

〖解题思路〗

第(1) 小题在报表中通过“分组、排序和汇总”子窗口设置分组排序依据，在报表区中添加控件并设置属性，第(2)小题在窗体视图中通过属性表窗口设置窗体的属性，第(3)、(4)小题对窗体中命令按钮的单击事件进行处理。

〖操作步骤〗

(1) 打开数据库文件 samp3. accdb，在导航窗口显示出全部对象。

步骤1：打开报表对象 rEmp 的设计视图。

步骤2：选择“视图”菜单中的“分组和排序”按钮，弹出“分组、排序和汇总”子窗口，单击“添加组”按钮，在弹出的表达式列表框最下一行单击“表达式”，进入表达式生成器对话框，在编辑区中输入“=Left([姓名],1)”，单击“确定”按钮，默认升序，单击“更多”按钮，选择“有页眉节”。

步骤3：切换视图到报表视图，可以看到按姓氏排序，再切换到设计视图。在工具栏中单击文本框控件，在组页眉中单击添加一个文本框控件，单击 Text 标签，按 Del 键删除。

步骤4：右击文本框控件，在快捷菜单中选【属性】菜单项，弹出属性表窗口，在名称行设置该文本框名称为 tnum。

步骤5：在控件来源行中输入=Count(*)，关闭属性表窗口。

步骤6：切换到报表视图浏览，保存并关闭报表设计视图。

(2) 通过窗体设计视图完成此题。

步骤1：打开窗体对象 fEmp 的设计视图。

步骤2：右击窗体设计左上角窗体选择器控件，在弹出的菜单中选择【属性】菜单项。

步骤3：在属性表窗口中的“格式”选项卡下的“图片”属性中设置为素材文件夹中的 bk.bmp。

(3) 通过窗体设计视图和代码窗口完成此题。

单击属性表窗口“事件”选项卡，单击“加载”行右边的…按钮打开代码生成器，进入代码编辑窗口，在第一处填写：

```
Form.Caption=Right(Year(Now),2) & "年度报表输出"
```

第二处填写：

```
bt2.FontBold=True
```

第三处填写：

```
DoCmd.OpenReport "rEmp", acViewPreview
```

第四处填写：

```
ErrHanle:            //注意：此处冒号不能省略
```

关闭代码编辑窗口。

(4) 通过窗体设计视图完成此题。

步骤1：选中标题为“退出”的命令按钮 bt2，在属性表窗口的“单击”行选择宏 mEmp。

步骤2：切换到窗体视图，浏览窗体，保存并关闭窗体，退出 Access。

〖**本题小结**〗

本题涉及报表的分组显示和控件属性的设置，以及对窗体的属性进行设置等操作。

第(1)小题中的分组依据和文本框的控件来源都使用了函数,第(3)小题中要对命令按钮的单击事件进行VBA编程,用代码动态设置对象的属性等。这些是本题的难点。

第16题

素材文件夹中存在一个数据库文件samp3.accdb,里面已经设计好表对象tStud和窗体对象fSys,同时还设计出以tStud为数据源的报表对象rStud。请在此基础上按照以下要求补充fSys窗体和rStud报表的设计。

(1) 在rStud报表的报表页眉节区位置添加一个标签控件,其名称为bTitle,其显示文本为“团员基本信息报表”;将报表标题栏上的显示文本设置为“团员基本信息”;将名称为tSex的文本框控件的输出内容设置为“性别”字段值。在报表页脚节区添加一个计算控件,其名称为tAvg,显示学生的平均年龄。

(2) 将fSys窗体的边框样式设置为“对话框边框”,取消窗体中的水平和垂直滚动条、导航按钮、记录选择器、分隔线、控制框、关闭按钮、最大化按钮和最小化按钮;并将窗体标题栏显示文本设置为“系统登录”。

(3) 将fSys窗体中“用户名称”(名称为lUser)和“用户口令”(名称为lPass)两个标签上的文字颜色改为深蓝色(深蓝色代码为10485760)、字体粗细改为“加粗”。

(4) 将fSys窗体中名称为tPass的文本框控件的内容以密码形式显示;将名称为cmdEnter的命令按钮从灰色状态设为可用;将控件的Tab移动次序设置为:tUser→tPass→cmdEnter→cmdQuit。

(5) 试根据以下窗体功能要求,补充已给的事件代码,并运行调试。

在窗体中有“用户名称”和“用户密码”两个文本框,名称分别为tUser和tPass,还有“确定”和“退出”两个命令按钮,名称分别为cmdEnter和cmdQuit。在输入用户名称和用户密码后,单击“确定”按钮,程序将判断输入的值是否正确,如果输入的用户名称为abcdef,用户密码为123456,则显示提示框,提示框标题为“欢迎”,显示内容为“密码输入正确,欢迎进入系统!”,提示框中只有一个“确定”按钮,当单击“确定”按钮后,关闭该窗体;如果输入不正确,则提示框显示“密码错误!”,同时清除tUser和tPass两个文本框中的内容,并将光标置于tUser文本框中。当单击窗体上的“退出”按钮后,关闭当前窗体。

注意:不允许修改报表对象rStud中已有的控件和属性;不允许修改表对象tStud。不允许修改窗体对象fSys中未涉及的控件、属性和任何VBA代码;只允许在"*****Add*****"与"*****Add*****"之间的空行内补充一条代码语句,不允许增删和修改其他位置已存在的语句。

〖**解题思路**〗

第(1)小题在报表视图中添加标签控件,并针对报表、标签、文本框设置属性,第(2)小题在窗体视图中对窗口设置属性,第(3)小题对窗体中的标签设置属性,第(4)小题对文本框设置属性,设置Tab顺序,第(5)小题进入VBA编程环境,输入代码。

〖操作步骤〗

(1) 打开数据库文件 samp3.accdb,在导航窗口显示出全部对象。

步骤 1:打开报表 rStud 设计视图,在报表设计视图中,选择标签控件,在报表页眉节区单击,输入"团员基本信息报表",单击工具选择卡中的"属性表"按钮,打开"属性表"窗口,选择"全部"选项卡,在"名称"行中输入 bTitle。

步骤 2:在"属性表"窗口上部组合框中选择"报表",在"标题"行中输入"团员基本信息"。

步骤 3:在"属性表"窗口上部组合框中选择文本框 tSex,在"控件来源"行下拉列表中选择"性别"。

步骤 4:在工具选项卡中选择文件框控件,在报表页脚节区单击,在标签中输入"平均年龄:",选中文本框,在属性表窗口中的"名称"行中输入 tAvg,在"控件来源"行输入"=Avg([年龄])"。

步骤 5:切换到报表视图,预览效果。保存报表,关闭报表设计视图。

(2) 通过窗体设计视图完成此题。

步骤 1:打开窗体 fSys,进入设计视图,在窗体选择器上右击,选择【属性】菜单项,打开属性表窗口。在"格式"选项卡"标题"行输入"系统登录"。

步骤 2:在"格式"选项卡的"边框样式"行选择"对话框边框",在"滚动条"行选择"两者均无","导航按钮"、"记录选择器"、"分隔线"、"控制框"、"关闭按钮"都选择"否","最大化最小化按钮"选择"无"。

(3) 通过窗体设计视图完成此题。

在属性表窗口下拉列表框中分别选择 lUser 和 lPass,在"格式"选项卡中的"前景色"行输入 10485760,在"字体粗细"行选择"加粗"。

(4) 通过窗体设计视图完成此题。

步骤 1:选择 tPass 控件,在属性表窗口"数据"选项卡的"输入掩码"行右侧单击…按钮,在"输入掩码向导"对话框中选择"密码",单击"完成"按钮。

步骤 2:选中 cmdEnter 按钮,单击属性表窗口"数据"选项卡,在"可用"行选择"是"。

步骤 3:在窗体设计视图中右击,选择【Tab 键次序】菜单项,打开"Tab 键次序"对话框,按题目中的顺序要求将 tUser 和 tPass 拖动到上面,将图像 0 拖动到最下,单击"确定"按钮,如图 3-16-01 所示。

(5) 通过代码窗口输入代码。

步骤 1:单击工具选项卡中的"查看代码"按钮,打开 VBA 编程环境。

分析:第一处代码是判断结构的 If 子句,该子句中要包含 2 个同时成立的条件,即用户名文本框是 abcdef,密码文本框是 123456;第二处代码在清空用户名文本框和密码文本框后,要将输入焦点设置到用户名文本框上,须使用 SetFocus 方法。

步骤 2:在 Add1 空行输入以下代码。

```
'************* Add1 ****************************
    If tUser="abcdef" And tPass="123456" Then
```

图 3-16-01　设置控件的 Tab 顺序

```
' ************** Add1 ****************************
```

步骤 3：在 Add2 空行输入以下代码。

```
' ************** Add2 ****************************
     tUser.SetFocus
' ************** Add2 *****************************
```

步骤 4：关闭 VBA 编程环境，切换到窗体视图，浏览窗体，验证窗体功能，保存并关闭窗体，退出 Access。

〖本题小结〗

本题主要涉及在报表和窗体中添加控件，并设置不同对象的属性。第(1)小题中要设置标签的控件来源属性为计算表达式，第(5)小题中要编写代码，输入判断条件的 If 子句和设置文本框的输入焦点语句等，是本题的难点。

第四部分

选　择　题

001. 按数据的组织形式，数据库的数据模型可分为三种模型，它们是(　　)。

A. 小型、中型和大型　　B. 网状、环状和链状

C. 层次、网状和关系　　D. 独享、共享和实时

参考答案：C

【解析】 按数据库原理的基本理论，数据库的数据模型分为三种：层次模型、关系模型和网状模型。

002. 在书写查询准则时，日期型数据应该使用适当的分隔符括起来，正确的分隔符是(　　)。

A. *　　B. %　　C. &　　D. #

参考答案：D

【解析】 使用日期作为条件可以限定查询的时间范围，书写这类条件时应注意，日期常量要用英文的#号括起来。

003. 如果创建字段"性别"，并要求用汉字表示性别，其数据类型应当是(　　)。

A. 是/否　　B. 数字　　C. 文本　　D. 备注

参考答案：C

【解析】 根据关系数据库理论，一个表中的列数据应具有相同的数据特征，称为字段的数据类型。文本型字段可以保存文本或文本与数字的组合。文本型字段的字段大小最多可达到255个字符，如果取值的字符个数超过了255，可使用备注型。本题要求将"性别"字段用汉字表示，"性别"字段的内容为"男"或"女"，小于255个字符，所以其数据类型应当是文本型。

004. 下列关于字段属性的叙述中，正确的是(　　)。

A. 可对任意类型的字段设置"默认值"属性

B. 设置字段默认值就是规定该字段值不允许为空

C. 只有"文本"型数据能够使用"输入掩码向导"

D. "有效性规则"属性只允许定义一个条件表达式

参考答案：D

【解析】 "默认值"是指添加新记录时自动向此字段分配指定值。"有效性规则"是提供一个表达式，该表达式必须为True才能在此字段中添加或更改值，该表达式可以和"有效性文本"属性一起使用。"输入掩码"显示编辑字符以引导用户进行数据输入。故答

案为 D。

005. 在 Access 中，如果不想显示数据表中的某些字段，可以使用的命令是(　　)。

A. 隐藏　　B. 删除　　C. 冻结　　D. 筛选

参考答案：A

【解析】 Access 在数据表中默认显示所有的列，但有时你可能不想查看所有的字段，这时可以把其中一部分隐藏起来。故选项 A 正确。

006. 如果在数据库中已有同名的表，要通过查询覆盖原来的表，应该使用的查询类型是(　　)。

A. 删除　　B. 追加　　C. 生成表　　D. 更新

参考答案：C

【解析】 如果在数据库中已有同名的表，要通过查询覆盖原来的表，应该使用的查询类型是生成表查询。答案为 C 选项。

007. 在 SQL 查询中 GROUP BY 的含义是(　　)。

A. 选择行条件　　B. 对查询进行排序

C. 选择列字段　　D. 对查询进行分组

参考答案：D

【解析】 在 SQL 查询中 GROUP BY 的含义是将查询的结果按列进行分组，可以使用合计函数，故选项 D 为正确答案。

008. 下列关于 SQL 语句的说法中，错误的是(　　)。

A. INSERT 语句可以向数据表中追加新的数据记录

B. UPDATE 语句用来修改数据表中已经存在的数据记录

C. DELETE 语句用来删除数据表中的记录

D. CREATE 语句用来建立表结构并追加新的记录

参考答案：D

【解析】 Access 支持的数据定义语句有创建表(CREATE TABLE)、修改数据(UPDATE)、删除数据(DELETE)、插入数据(INSERT)。CREATE TABLE 只有创建表的功能不能追加新数据。故选项 D 为正确答案。

009. 若查询的设计视图如下所示，则查询的功能是(　　)。

A. 设计尚未完成,无法进行统计

B. 统计班级信息仅含 Null(空)值的记录个数

C. 统计班级信息不包括 Null(空)值的记录个数

D. 统计班级信息包括 Null(空)值全部记录个数

参考答案:C

【解析】 从图中可以看出要统计的字段是“学生表”中的“班级”字段,采用的统计函数是计数函数,目的是对班级(不为空)进行计数统计。所以选项 C 正确。

010. 查询“书名”字段中包含“等级考试”字样的记录,应该使用的条件是(　　)。

A. Like "等级考试"　　　　B. Like "*等级考试"

C. Like "等级考试*"　　　　D. Like "*等级考试*"

参考答案:D

【解析】 在查询时,可以通过在“条件”单元格中输入 Like 运算符来限制结果中的记录。与 Like 运算符搭配使用的通配符有很多,其中 * 的含义是表示由 0 个或任意多个字符组成的字符串,在字符串中可以用作第一个字符或最后一个字符,在本题中查询“书名”字段中包含“等级考试”字样的记录,应该使用的条件是“Like "*等级考试*"”。所以选项 D 正确。

011. 在教师信息输入窗体中,为职称字段提供“教授”、“副教授”、“讲师”等选项供用户直接选择,最合适的控件是(　　)。

A. 标签　　B. 复选框　　C. 文本框　　D. 组合框

参考答案:D

【解析】 组合框或列表框可以从一个表或查询中取得数据,或从一个值列表中取得数据,在输入时,我们从列出的选项值中选择需要的项,从而保证同一个数据信息在数据库中存储的是同一个值。所以选项 D 是正确的。

012. 若在窗体设计过程中,命令按钮 Command0 的事件属性设置如下图所示,则含义是(　　)。

A. 只能为“进入”事件和“单击”事件编写事件过程

B. 不能为“进入”事件和“单击”事件编写事件过程

C. “进入”事件和“单击”事件执行的是同一事件过程

D. 已经为“进入”事件和“单击”事件编写了事件过程

参考答案：D

【解析】 在控件属性对话框中“事件”选项卡中列出的事件表示已经添加成功的事件，所以该题中选项D为正确答案。

013. 发生在控件接收焦点之前的事件是（　　）。

A. Enter　　B. Exit　　C. GotFocus　　D. LostFocus

参考答案：A

【解析】 控件的焦点事件发生顺序为：Enter→GotFocus→操作事件→Exit→LostFocus。其中GotFocus表示控件接收焦点事件，LostFocus表示控件失去焦点事件。所以选项A为正确答案。

014. 下列关于报表的叙述中，正确的是（　　）。

A. 报表只能输入数据　　B. 报表只能输出数据

C. 报表可以输入和输出数据　　D. 报表不能输入和输出数据

参考答案：B

【解析】 报表是Access的一个对象，它根据指定规则打印格式化和组织化的信息，其数据源可以是表、查询和SQL语句。报表和窗体的区别是报表只能显示数据，不能输入和编辑数据。故答案为B选项。

015. 在报表设计过程中，不适合添加的控件是（　　）。

A. 标签控件　　B. 图形控件　　C. 文本框控件　　D. 选项组控件

参考答案：D

【解析】 Access为报表提供的控件和窗体控件的功能与使用方法相同，不过报表是静态的，在报表上使用的主要控件是标签、图像和文本框控件，分别对应选项A、选项B和选项C，所以选项D为正确答案。

016. 在宏的参数中，要引用窗体F1上的Text1文本框的值，应该使用的表达式是（　　）。

A. [Forms]! [F1]! [Text1]　　B. Text1

C. [F1].[Text1]　　D. [Forms]_[F1]_[Text1]

参考答案：A

【解析】 宏在输入条件表达式时可能会引用窗体或报表上的控件值，使用语法如下：“Forms![窗体名]![控件名]”或“[Forms]![窗体名]![控件名]”和“Reports![报表名]![控件名]”或“[Reports]![报表名]![控件名]”。所以选项A正确。

017. 在运行宏的过程中，宏不能修改的是（　　）。

A. 窗体　　B. 宏本身　　C. 表　　D. 数据库

参考答案：B

【解析】 宏是一个或多个操作组成的集合，在宏运行过程中，可以打开关闭数据库，可以修改窗体属性设置，可以执行查询，操作数据表对象，但不能修改宏本身。所以选项B正确。

018. 为窗体或报表的控件设置属性值的正确宏操作命令是(　　)。

A. Set　　B. SetData　　C. SetValue　　D. SetWarnings

参考答案：C

【解析】 宏操作命令中 SetValue 用于为窗体、窗体数据表或报表上的控件、字段或属性设置值；SetWarnings 用于关闭或打开所有的系统消息。所以选项 C 正确。

019. 下列给出的选项中，非法的变量名是(　　)。

A. Sum12　　B. Integer_2　　C. Rem　　D. Frm1

参考答案：C

【解析】 VBA 中变量命名不能包含有空格或除了下划线字符(_)外的其他标点符号，长度不能超过 255 个字符，不能使用 VBA 的关键字。Rem 是用来标识注释的语句，不能作为变量名，用它做变量名是非法的。所以选项 C 正确。

020. 在模块的声明部分使用 Option Base 1 语句，然后定义二维数组 A(2 to 5,5)，则该数组的元素个数为(　　)。

A. 20　　B. 24　　C. 25　　D. 36

参考答案：A

【解析】 VBA 中 Option Base 1 语句的作用是设置数组下标从 1 开始，展开二维数组 A(2 to 5,5)，为 A(2,1)…A(2,5)，A(3,1)…A(3,5)，…，A(5,1)…A(5,5)共 4 组，每组 5 个元素，共 20 个元素。所以选项 A 正确。

021. 在 VBA 中，能自动检查出来的错误是(　　)。

A. 语法错误　　B. 逻辑错误　　C. 运行错误　　D. 注释错误

参考答案：A

【解析】 语法错误在编辑时就能自动检测出来，逻辑错误和运行错误是程序在运行时才能显示出来的，不能自动检测，注释错误是检测不出来的。所以选项 A 正确。

022. 如果在被调用的过程中改变了形参变量的值，但又不影响实参变量本身，这种参数传递方式称为(　　)。

A. 按值传递　　B. 按地址传递　　C. ByRef 传递　　D. 按形参传递

参考答案：A

【解析】 参数传递有两种方式：按值传递 ByVal 和按址传递 ByRef。按值传递是单向传递，改变了形参变量的值而不会影响实参本身；而按址传递是双向传递，任何引起形参的变化都会影响实参的值。所以选项 A 正确。

023. 表达式 B=INT(A+0.5)的功能是(　　)。

A. 将变量 A 保留小数点后 1 位　　B. 将变量 A 四舍五入取整

C. 将变量 A 保留小数点后 5 位　　D. 舍去变量 A 的小数部分

参考答案：B

【解析】 INT 函数是返回表达式的整数部分，表达式 A+0.5 中当 A 的小数部分大于等于 0.5 时，整数部分加 1；当 A 的小数部分小于 0.5 时，整数部分不变，INT(A+0.5)的结果便是实现将 A 四舍五入取整。所以选项 B 正确。

024. 运行下列程序段，结果是(　　)。

```
For m=10 To 1 Step 0
    k=k+3
Next m
```

A. 形成死循环　　B. 循环体不执行即结束循环

C. 出现语法错误　　D. 循环体执行一次后结束循环

参考答案：B

【解析】 本题考察 for 循环语句，step 表示循环变量增加步长，循环初始值大于终值时步长应为负数，步长为 0 时则循环不成立，循环体不执行即结束循环。所以选项 B 正确。

025. 下列 4 个选项中，是 VBA 程序设计语句的是(　　)。

A. Choose　　B. If　　C. IIf　　D. Switch

参考答案：B

【解析】 VBA 提供了 3 个条件函数：IIf 函数。Switch 函数和 Choose 函数，这 3 个函数由于具有选择特性而被广泛用于查询、宏及计算控件的设计中。而 If 是控制程序流程的判断语句，不是函数。所以选项 B 正确。

026. 运行下列程序，结果是(　　)。

```
Private Sub Command32_Click()
    f0=1: f1=1: k=1
    Do While k < =5
        f=f0+f1
        f0=f1
        f1=f
        k=k+1
    Loop
    MsgBox "f=" & f
End Sub
```

A. f=5　　B. f=7　　C. f=8　　D. f=13

参考答案：D

【解析】 本题考察 Do 循环语句：

K=1 时，f=1+1=2，f0=1，f1=2，k=1+1=2；

K=2 时，f=3，f0=2，f1=3，k=2+1=3；

K=3 时，f=5，f0=3，f1=5，k=3+1=4；

K=4 时，f=8，f0=5，f1=8，k=4+1=5；

K=5 时，f=13，f0=8，f1=13，k=6，不再满足循环条件跳出循环，此时 f=13。

所以选项 D 正确。

027. 在窗体中添加一个名称为 Command1 的命令按钮，然后编写如下事件代码：

```
Private Sub Command1_Click()
    MsgBox f(24,18)
```

```
End  Sub
Public Function f(m As Integer,n As Integer)As Integer
    Do While m<>n
        Do While  m>n
            m=m-n
        Loop
        Do While  m<n
            n=n-m
        Loop
    Loop
    f=m
End Function
```

窗体打开运行后，单击命令按钮，则消息框的输出结果是(　　)。

A. 2　　B. 4　　C. 6　　D. 8

参考答案：C

【解析】 题目中命令按钮的单击事件是使用MsgBox显示过程f的值。在过程f中有两层Do循环，传入参数m=24，n=18，由于m>n所以执行m=m−n=24−18=6，内层第1个Do循环结束后m=6，n=18；此时m小于n，所以再执行n=n−m=18−6=12，此时m=6，n=12；再执行n=n−m后m=n=6；m<>n条件满足，退出循环，然后执行f=m的赋值语句，即为f=m=6。所以选项C正确。

028. 在窗体上有一个命令按钮Command1，编写事件代码如下：

```
Private Sub Command1_Click()
    Dim d1 As Date
    Dim d2 As Date
    d1=#12/25/2009#
    d2=#1/5/2010#
    MsgBox DateDiff("ww",d1,d2)
End Sub
```

打开窗体运行后，单击命令按钮，消息框中输出的结果是(　　)。

A. 1　　B. 2　　C. 10　　D. 11

参考答案：B

【解析】 函数DateDiff按照指定类型返回指定的时间间隔数目。语法为"DateDiff(<间隔类型>,<日期1>,<日期2>[,W1][,W2])"，间隔类型为ww，表示返回两个日期间隔的周数。所以选项B正确。

029. 能够实现从指定记录集里检索特定字段值的函数是(　　)。

A. Nz　　B. Find　　C. Lookup　　D. DLookUp

参考答案：D

【解析】 DLookUp函数是从指定记录集里检索特定字段的值。它可以直接在VBA、宏、查询表达式或计算控件使用，而且主要用于检索来自外部表字段中的数据。所以选项D正确。

030. 下列程序的功能是返回当前窗体的记录集：

```
Sub GetRecNum()
    Dim rs As Object
    Set rs=[ ]
    MsgBox  rs.RecordCount
End Sub
```

为保证程序输出记录集(窗体记录源)的记录数,括号内应填入的语句是(　　)。

A. Me. Recordset　　B. Me. RecordLocks

C. Me. RecordSource　　D. Me. RecordSelectors

参考答案：A

【解析】 程序中rs是对象变量,从填空的下一行可以看出,消息框显示的是记录数,所以rs对象应该是记录集。用Me. Recordset代表指定窗体的记录源,即记录源来自于窗体。而RecordSourse属性用来设置数据源,格式为RecordSourse=数据源。因此题目空缺处应填Me. Recordset。

031. 在职工表中查找所有年龄大于30岁姓王的男职工,应采用的关系运算是(　　)。

A. 选择　　B. 投影　　C. 连接　　D. 自然连接

参考答案：A

【解析】 关系运算包括选择、投影和连接。①选择：从关系中找出满足给定条件的元组的操作称为选择。选择是从行的角度进行的运算,即从水平方向抽取记录。②投影：从关系模式中指定若干个属性组成新的关系。投影是从列的角度进行的运算,相当于对关系进行垂直分解。③连接：连接运算将两个关系模式拼接成一个更宽的关系模式,生成的新关系中包含满足连接条件的元组。此题干要求从关系中找出同时满足两个条件的元组,进行的运算应是选择,所以选项A是正确的。

032. 在Access数据库对象中,体现数据库设计目的的对象是(　　)。

A. 报表　　B. 模块　　C. 查询　　D. 表

参考答案：C

【解析】 Access数据库对象分为7种。这些数据库对象包括表、查询、窗体、报表、数据访问页、宏、模块。其中,①表：数据库中用来存储数据的对象,是整个数据库系统的基础。②查询：它是数据库设计目的的体现,建完数据库以后,数据只有能被使用者查询才能真正体现它的价值。③报表：一种数据库应用程序进行打印输出的方式。④模块：将VBA声明和过程作为一个单元进行保存的集合,是应用程序开发人员的工作环境。故答案为C。

033. 要求在文本框中输入文本时显示密码*的效果,则应该设置的属性是(　)。

A. 默认值　　B. 有效性文本　　C. 输入掩码　　D. 密码

参考答案：C

【解析】 将"输入掩码"属性设置为"密码",以创建密码输入项文本框。文本框中键入的任何字符都按原字符保存，但显示为星号(*)。所以选项 C 正确。

034. 下列关于关系数据库中数据表的描述，正确的是(　　)。

A. 数据表相互之间存在联系，但用独立的文件名保存

B. 数据表相互之间存在联系，是用表名表示相互间的联系

C. 数据表相互之间不存在联系，完全独立

D. 数据表既相对独立，又相互联系

参考答案：D

【解析】 Access 是一个关系型数据库管理系统。它的每一个表都是独立的实体，保存各自的数据和信息。但这并不是说表与表之间是孤立的。Access 通过数据库之间的数据元素(即主键)连接起来，形成了有机的联系，实现了信息的共享。表与表之间的联系称为关系，Access 通过关系使表之间紧密地联系起来，从而改善了数据库的性能，增强了数据库的处理能力。所以选项 D 正确。

035. 输入掩码字符 & 的含义是(　　)。

A. 必须输入字母或数字

B. 可以选择输入字母或数字

C. 必须输入一个任意字符或一个空格

D. 可以选择输入任意字符或一个空格

参考答案：C

【解析】 输入掩码的符号中 & 表示的是输入任一字符或空格(必选项)。所以选项 C 正确。

036. 下列 SQL 查询语句中，与下面查询设计视图所示的查询结果等价的是(　　)。

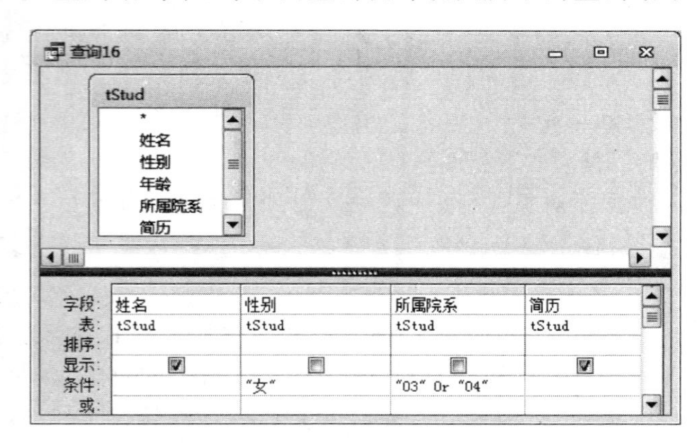

A. SELECT 姓名,性别,所属院系,简历 FROM tStud WHERE 性别="女" AND 所属院系 IN("03","04")

B. SELECT 姓名,简历 FROM tStud WHERE 性别="女" AND 所属院系 IN("03", "04")

C. SELECT 姓名,简历 FROM tStud WHERE 性别="女" AND 所属院系="03" OR 所属院系="04"

D. SELECT 姓名,简历 FROM tStud WHERE (性别="女" AND 所属院系=

"03") OR 所属院系="04"

参考答案:B

【解析】 SQL查询的Select语句是功能最强,也是最为复杂的SQL语句。SELECT语句的结构是:

```
SELECT [ALL|DISTINCT] 别名 FROM 表名 [WHERE 查询条件]
```

其中"查询条件"还可以是另一个选择查询或子查询。在主查询中查找任何等于、大于或小于由子查询返回的值(使用ANY、IN或ALL保留字)。在此题中用IN表示等于这两个值之一。所以选项B正确。

037. 假设"公司"表中有编号、名称、法人等字段,查找公司名称中有"网络"二字的公司信息,正确的命令是( )。

A. SELECT * FROM 公司 FOR 名称="*网络*"

B. SELECT * FROM 公司 FOR 名称 LIKE "*网络*"

C. SELECT * FROM 公司 WHERE 名称="*网络*"

D. SELECT * FROM 公司 WHERE 名称 LIKE "*网络*"

参考答案:D

【解析】 SQL查询的SELECT语句是功能最强,也是最为复杂的SQL语句。SELECT语句的结构是:

```
SELECT [ALL|DISTINCT] 别名 FROM 表名 [WHERE 查询条件]
```

在查询条件中输入Like运算符来限制结果中的记录。为了查找公司名称中有"网络"二字的公司信息,需要使用Like运算符,与之搭配使用的通配符有很多,其中*的含义是表示由0个或任意多个字符组成的字符串,在字符串中可以用作第一个字符或最后一个字符,在本题中应该使用的条件是"Like "*网络*""。所以选项D正确。

038. 利用对话框提示用户输入查询条件,这样的查询属于( )。

A. 选择查询 B. 参数查询 C. 操作查询 D. SQL查询

参考答案:B

【解析】 参数查询可以显示一个或多个提示参数值(准则)预定义对话框,也可以创建提示查询参数的自定义对话框,提示输入参数值,进行问答式查询。所以选项B正确。

039. 要从数据库中删除一个表,应该使用的SQL语句是( )。

A. ALTER TABLENAME B. KILL TABLENAME

C. DELETE TABLENAME D. DROP TABLENAME

参考答案:D

【解析】 Access支持的数据定义语句有创建表(CREATE)、修改表结构(ALTER)、删除表(DROP)。故选项D为正确答案。

040. 若要将产品表中所有供货商是ABC的单价下调50元,则正确的SQL语句是( )。

A. UPDATE 产品 SET 单价=50 WHERE 供货商="ABC"

B. UPDATE 产品 SET 单价=单价-50 WHERE 供货商="ABC"

C. UPDATE FROM 产品 SET 单价=50 WHERE 供货商="ABC"

D. UPDATE FROM 产品 SET 单价=单价-50 WHERE 供货商="ABC"

参考答案:B

【解析】 修改数据的语法结构为:"Update tablename set 字段名=value [where 条件]",所以正确答案为B。

041. 在学生表中使用"照片"字段存放相片,当使用向导为该表创建窗体时,照片字段使用的默认控件是(　　)。

A. 图形　　B. 图像　　C. 绑定对象框　　D. 未绑定对象框

参考答案:C

【解析】 图形控件用于在窗体上绘制图形;图像控件用于显示静态图片,在Access中不能对图片进行编辑;绑定对象框控件用于显示OLE对象,一般用来显示记录源中OLE类型的字段的值。当记录改变时,该对象会一起改变;未绑定对象框控件用于显示未结合的OLE对象。当记录改变时,该对象不会改变。学生表中的学生照片在移动学生记录时会发生变动,所以选项C正确。

042. 下列关于对象"更新前"事件的叙述中,正确的是(　　)。

A. 在控件或记录的数据变化后发生的事件

B. 在控件或记录的数据变化前发生的事件

C. 当窗体或控件接收到焦点时发生的事件

D. 当窗体或控件失去了焦点时发生的事件

参考答案:B

【解析】 Access对象事件有单击、双击、更新前、更新后等事件,而"更新前"事件表示的是在控件或记录的数据变化前发生的事件。故选项B正确。

043. 若窗体Frm1中有一个命令按钮Cmd1,则窗体和命令按钮的Click事件过程名分别为(　　)。

A. Form_Click()和Command1_Click()

B. Frm1_Click()和Commamd1_Click()

C. Form_Click()和Cmd1_Click()

D. Frm1_Click()和Cmd1_Click()

参考答案:C

【解析】 窗体的单击事件过程统一用Form_Click(),不需要使用窗体名称,而命令按钮事件过程需要使用按钮名称,则为Cmd1_Click()。故本题正确答案为C。

044. 要实现报表按某字段分组统计输出,需要设置的是(　　)。

A. 报表页脚　　B. 该字段的组页脚

C. 主体　　D. 页面页脚

参考答案:B

【解析】 组页脚节中主要显示分组统计数据,通过文本框实现。打印输出时,其数据显示在每组结束位置。所以要实现报表按某字段分组统计输出,需要设置该字段组页脚。故本题正确答案为B。

045. 在报表中要显示格式为“共 N 页，第 N 页”的页码，正确的页码格式设置是(　　)。

A. ="共" + Pages + "页，第" + Page + "页"

B. ="共" + [Pages] + "页，第" + [Page] + "页"

C. ="共" & Pages & "页，第" & Page & "页"

D. ="共" & [Pages] & "页，第" & [Page] & "页"

参考答案：D

【解析】 在报表中添加计算字段应以=开头，在报表中要显示格式为“共 N 页，第 N 页”的页码，需要用到[Pages]和[Page]这两个计算项，所以正确的页码格式设置是“=共" & [Pages] & "页，第" & [Page] & "页”，即选项 D 为正确答案。

046. 为窗体或报表上的控件设置属性值的宏操作是(　　)。

A. Beep　　B. Echo　　C. MsgBox　　D. SetValue

参考答案：D

【解析】 为窗体或报表上的控件设置属性值的宏操作是 SetValue，宏操作 Beep 用于使计算机发出“嘟嘟”声，宏操作 MsgBox 用于显示消息框。所以选项 D 正确。

047. 在设计条件宏时，要代替重复条件表达式可以使用符号(　　)。

A. …　　B. :　　C. !　　D. =

参考答案：A

【解析】 创建条件宏时，经常会出现操作格式相同的事件，可以简单地用省略号(…)来表示。所以选项 A 正确。

048. 下列属于通知或警告用户的命令是(　　)。

A. PrintOut　　B. OutputTo　　C. MsgBox　　D. RunWarnings

参考答案：C

【解析】 在宏操作中，MsgBox 用于显示提示消息框，PrintOut 用于打印激活的数据库对象，OutputTo 用于将指定数据库对象中的数据输出成 .xls、.rtf、.txt、.htm 和 .snp 等格式的文件。所以选项 C 正确。

049. 在 VBA 中要打开名为“学生信息录入”的窗体，应使用的语句是(　　)。

A. DoCmd. OpenForm "学生信息录入"

B. OpenForm "学生信息录入"

C. DoCmd. OpenWindow "学生信息录入"

D. OpenWindow "学生信息录入"

参考答案：A

【解析】 在 VBA 中打开窗体的命令格式如下：

```
DoCmd. OpenForm (FormName, View, FilterName, WhereCondition, DataMode,
WindowMode,OpenArgs)
```

其中 FormName 是必需的，是字符串表达式，表示当前数据库中窗体的名称。所以选项 A 正确。

050. VBA 语句 Dim NewArray(10) as Integer 的含义是(　　)。

A. 定义 10 个整型数构成的数组 NewArray

B. 定义 11 个整型数构成的数组 NewArray

C. 定义 1 个值为整型数的变量 NewArray

D. 定义 1 个值为 10 的变量 NewArray

参考答案：B

【解析】 该语句是定义了 11 个由整型数构成的数组，默认的数组下限是 0，10 为数组的上限，数组元素为 NewArray(0) 到 NewArray(10)，共有 11 个整型数。所以选项 B 正确。

051. 要显示当前过程中的所有变量及对象的取值，可以利用的调试窗口是(　　)。

A. 监视窗口　　B. 调用堆栈　　C. 立即窗口　　D. 本地窗口

参考答案：D

【解析】 本地窗口内部自动显示出所有在当前过程中的变量声明及变量值。本地窗口打开后，列表中的第一项内容是一个特殊的模块变量。对于类模块，定义为 Me。Me 是对当前模块定义的当前实例的引用。由于它是对象引用，因而可以展开显示当前实例的全部属性和数据成员。所以选项 D 正确。

052. 在 VBA 中，下列关于过程的描述正确的是(　　)。

A. 过程的定义可以嵌套，但过程的调用不能嵌套

B. 过程的定义不可以嵌套，但过程的调用可以嵌套

C. 过程的定义和过程的调用均可以嵌套

D. 过程的定义和过程的调用均不能嵌套

参考答案：B

【解析】 在 VBA 中过程不可以嵌套定义，即不可以在一个过程中定义另一个过程，但是过程可以嵌套调用。所以选项 B 正确。

053. 下列表达式计算结果为日期类型的是(　　)。

A. #2014-10-23# - #2014-2-3#　　B. Year(#2014-2-3#)

C. DateValue("2014-2-3")　　D. Len("2014-2-3")

参考答案：C

【解析】 A 选项结果为数值，等于两日期相隔天数；B 选项结果为数值，等于年份 2014；D 选项结果为数值，Len 函数是返回字符串的长度；C 选项正确，DateValue 函数是将字符型转变为日期类型。所以选项 C 正确。

054. 由 For i=1 To 9 Step－3 决定的循环结构，其循环体将被执行(　　)。

A. 0 次　　B. 1 次　　C. 4 次　　D. 5 次

参考答案：A

【解析】 题目中 For 循环的初值为 1，终值为 9，步长为－3，不满足循环条件，循环体将不会被执行。所以选项 A 正确。

055. 如果 X 是一个正的实数，保留两位小数、将千分位四舍五入的表达式是(　　)。

A. 0.01 * Int(X+0.05)　　B. 0.01 * Int(100 * (X+0.005))

C. 0.01 * Int(X+0.005)　　　　　　　D. 0.01 * Int(100 * (X+0.05))

参考答案：B

【解析】 根据题意，Int(100 * (X+0.05))实现千分位的四舍五入，同时扩大 100 倍取整，乘 0.01 是为保证保留两位小数，与前面的乘以 100 对应，因此本题选 B。

056. 有如下事件程序，运行该程序后输出结果是(　　)。

```
Private Sub Command33_Click()
    Dim x As Integer, y As Integer
    x=1: y=0
    Do Until y<=25
        y=y+x * x
        x=x+1
    Loop
    MsgBox "x=" & x & ", y=" & y
End Sub
```

A. x=1, y=0　　B. x=4, y=25　　C. x=5, y=30　　D. 输出其他结果

参考答案：A

【解析】 Do Until 循环采用的是先判断条件后执行循环体的做法，如果条件为 True，则循环体一次都不执行。否则进入循环体执行。本题中的循环停止条件是 y<=25，而 y=0，满足条件表达式，则不进入循环体，x、y 的值不变，仍为 1、0。所以选项 A 正确。

057. 在窗体上有一个命令按钮 Command1，编写事件代码如下：

```
Private Sub Command1_Click()
    Dim x As Integer, y As Integer
    x=12: y=32
    Call Proc(x, y)
    Debug.Print x; y
End Sub
Public Sub Proc(n As Integer, ByVal m As Integer)
    n=n Mod 10
    m=m Mod 10
End Sub
```

打开窗体运行后，单击命令按钮，立即窗口上输出的结果是(　　)。

A. 2　32　　B. 12　3　　C. 2　2　　D. 12　32

参考答案：A

【解析】 参数有两种传递方式：传址传递 ByRef 和传值传递 ByVal。如果没有说明传递方式，则默认为传址传递。在函数 Proc(n As Integer,ByVal m As Integer)参数中，形参 n 默认为传址传递，形参的变化将会返回到实参，即形参 n mod 10(12 mod 10)得到的结果 2 将返回给实参 x，即 x=2；而 y 为传值方式，不因形参的变化而变化，所以输出的 x 和 y 应为 2 和 32。所以选项 A 正确。

058. 在窗体上有一个命令按钮 Commandl 和一个文本框 Text1，编写事件代码如下：

```
Private Sub Command1_Click()
    Dim i,j,x
    For i=1 To 20 Step 2
        x=0
        For j=i To 20 Step 3
            x=x+1
        Next j
    Next i
    Text1.Value=Str(x)
End Sub
```

打开窗体运行后，单击命令按钮，文本框中显示的结果是(　　)。

A. 1　　B. 7　　C. 17　　D. 400

参考答案：A

【解析】 题目中使用了双重 For 循环，外循环中每循环一次，X 的值都是从 0 开始，所以外循环中到最后一次循环时，X 的值是 0，而内循环中的最后一次循环是 j＝20 to 20 step 3，所以此时内循环只循环一次，X 的值为 X＝0＋1＝1。Str 函数将数值转换成字符串。所以选项 A 正确。

059. 能够实现从指定记录集里检索特定字段值的函数是(　　)。

A. DCount　　B. DLookUp　　C. DMax　　D. DSum

参考答案：B

【解析】 DLookUp 函数是从指定记录集里检索特定字段的值。它可以直接在 VBA、宏、查询表达式或计算控件中使用，而且主要用于检索来自外部表字段中的数据。所以选项 B 正确。

060. 在已建窗体中有一命令按钮(名为 Command1)，该按钮的单击事件对应的 VBA 代码为：

```
Private Sub Command1_Click()
    subT.Form.RecordSource="select * from 雇员"
End Sub
```

单击该按钮实现的功能是(　　)。

A. 使用 select 命令查找“雇员”表中的所有记录

B. 使用 select 命令查找并显示“雇员”表中的所有记录

C. 将 subT 窗体的数据来源设置为一个字符串

D. 将 subT 窗体的数据来源设置为“雇员”表

参考答案：D

【解析】 窗体的 RecordSource 属性指明窗体的数据源，题目中窗体数据源来自一条 SQL 语句“select * from 雇员”，该语句从数据表“雇员”中选取所有记录，即窗体数据来源为“雇员”表。所以选项 D 正确。

061. 在 Access 中要显示“教师”表中“姓名”字段和“职称”字段的信息，应采用的关系运算是(　　)。

A. 选择　　B. 投影　　C. 连接　　D. 关联

参考答案：B

【解析】 关系运算包括选择、投影和连接。①选择：从关系中找出满足给定条件的元组的操作称为选择。选择是从行的角度进行的运算，即从水平方选取记录。②投影：从关系模式中指定若干个属性组成新的关系。投影是从列的角度进行的运算，相当于对关系进行垂直分解。③连接：连接运算将两个关系模式拼接成一个更宽的关系模式，生成的新关系中包含满足连接条件的元组。此题要求从关系中显示出两列的元组，应进行的运算是投影，所以选项 B 是正确的。

062. 在 Access 中，可用于设计输入界面的对象是(　　)。

A. 窗体　　B. 报表　　C. 查询　　D. 表

参考答案：A

【解析】 窗体是 Access 数据库对象中最具灵活性的一个对象，可以用于设计输入界面。其数据源可以是表或查询。所以选项 A 正确。

063. 在数据表视图中，不能进行的操作是(　　)。

A. 删除一条记录　　B. 修改字段的类型

C. 删除一个字段　　D. 修改字段的名称

参考答案：B

【解析】 数据表视图和设计视图是创建和维护表过程中非常重要的两个视图。在数据表视图中，主要进行数据的录入操作，也可以重命名字段，但不能修改字段属性。所以正确答案为 B。

064. 下列关于货币数据类型的叙述中，错误的是(　　)。

A. 货币型字段在数据表中占 8 个字节的存储空间

B. 货币型字段可以与数字型数据混合计算，结果为货币型

C. 向货币型字段输入数据时，系统自动将其设置为 4 位小数

D. 向货币型字段输入数据时，不必输入人民币符号和千位分隔符

参考答案：C

【解析】 货币型数据字段长度为 8 字节，向货币字段输入数据时，不必输入美元符号和千位分隔符，可以和数值型数据混合计算，结果为货币型。故正确答案为 C。

065. 在设计表时，若输入掩码属性设置为 LLLL，则能够接收的输入是(　　)。

A. abcd　　B. 1234　　C. AB+C　　D. ABa9

参考答案：A

【解析】 输入掩码符号 L 的含义是必须输入字母(A-Z)，不区分大小写。所以选项 A 正确。

066. 在 SQL 语言的 SELECT 语句中，用于指明检索结果排序的子句是(　　)。

A. FROM　　B. WHILE　　C. GROUP BY　　D. ORDER BY

参考答案：D

【解析】 SQL 查询的 SELECT 语句是功能最强，也是最为复杂的 SQL 语句。SELECT 语句的结构是：

```
SELECT [ALL|DISTINCT] 别名 FROM 表名 [WHERE 查询条件]
[GROUP BY 要分组的别名 [HAVING 分组条件] ]
[ORDER BY 要排序的别名 [ASC | DESC] ]
```

所以选项 D 正确。

067. 有商品表内容如下：

部门号	商品号	商品名称	单价	数量	产地
40	0101	A 牌电风扇	200.00	10	广东
40	0104	A 牌微波炉	350.00	10	广东
40	0105	B 牌微波炉	600.00	10	广东
20	1032	C 牌传真机	1000.00	20	上海
40	0107	D 牌微波炉_A	420.00	10	北京
20	0110	A 牌电话机	200.00	50	广东
20	0112	B 牌手机	2000.00	10	广东
40	0202	A 牌电冰箱	3000.00	2	广东
30	1041	B 牌计算机	6000.00	10	广东
30	0204	C 牌计算机	10000.00	10	上海

执行 SQL 命令：

```
SELECT 部门号, MAX(单价 * 数量) FROM 商品表  GROUP BY 部门号;
```

查询结果的记录数是(　　)。

A. 1　　B. 3　　C. 4　　D. 10

参考答案：B

【解析】 该题中 SQL 查询的含义是按部门统计销售商品总价最高值，因为表中记录中共有 3 个部门，故统计结果应有 3 个，所以选项 B 正确。

068. 已知“借阅”表中有“借阅编号”、“学号”和“借阅图书编号”等字段，每名学生每借阅一本书生成一条记录，要求按学生学号统计出每名学生的借阅次数，下列 SQL 语句中，正确的是(　　)。

A. SELECT 学号, COUNT(学号) FROM 借阅

B. SELECT 学号, COUNT(学号) FROM 借阅 GROUP BY 学号

C. SELECT 学号, SUM(学号) FROM 借阅

D. SELECT 学号, SUM(学号) FROM 借阅 ORDER BY 学号

参考答案：B

【解析】 此题要求按学号分组统计，所以须使用 GROUP BY 子句，统计次数须使用合计函数 Count()，所以选项 B 正确。

069. 创建参数查询时，在查询设计视图条件行中应将参数提示文本放置在(　　)。

A. {}中　　B. ()中　　C. []中　　D. <>中

参考答案：C

【解析】 建立参数查询时，要定义输入参数准则字段时，必须输入用[]括起来的提示信息，所以选项 C 正确。

070. 如果在查询条件中使用通配符[]，其含义是(　　)。

A. 错误的使用方法　　B. 通配任意长度的字符

C. 通配不在括号内的任意字符　　D. 通配方括号内任一单个字符

参考答案：D

【解析】 在查询条件中使用通配符[]，其含义是通配方括号内任一单个字符，故选项 D 正确。

071. 因修改文本框中的数据而触发的事件是(　　)。

A. Change　　B. Edit　　C. GotFocus　　D. LostFocus

参考答案：A

【解析】 Change 事件是因修改文本框中的数据而触发的事件；Edit 事件是因控件对象被编辑而触发的事件；GotFocus 是控件对象获得焦点时触发的事件；LostFocus 是控件对象失去焦点时触发的事件。所以本题正确答案为 A。

072. 启动窗体时，系统首先执行的事件过程是(　　)。

A. Load　　B. Click　　C. Unload　　D. GotFocus

参考答案：A

【解析】 Access 开启窗体时事件发生的顺序是：开启窗体：Open(窗体)→Load(窗体)→Resize(窗体)→Activate(窗体)→Current(窗体)→Enter(第一个拥有焦点的控件)→GotFocus(第一个拥有焦点的控件)。所以本题正确答案为 A。

073. 下列属性中，属于窗体的数据类属性的是(　　)。

A. 记录源　　B. 自动居中　　C. 获得焦点　　D. 记录选择器

参考答案：A

【解析】 在窗体的属性中，“记录源”属于“数据”属性；“自动居中”属于“格式”属性；“获得焦点”属于“事件”属性；“记录选择器”属于“格式”属性。故正确答案为选项 A。

074. 在 Access 中为窗体上的控件设置 Tab 键的顺序，应选择“属性”对话框的(　　)。

A. “格式”选项卡　　B. “数据”选项卡　　C. “事件”选项卡　　D. “其他”选项卡

参考答案：D

【解析】 在 Access 中为窗体上的控件设置 Tab 键的顺序，应选择“属性”对话框的“其他”选项卡中的“Tab 键索引”选项进行设置，故正确答案为 D。

075. 若在“销售总数”窗体中有“订货总数”文本框控件,能够正确引用控件值的是(　　)。

A. Forms.[销售总数].[订货总数]　　B. Forms![销售总数].[订货总数]

C. Forms.[销售总数]![订货总数]　　D. Forms![销售总数]![订货总数]

参考答案:D

【解析】 引用窗体或报表上的控件值,使用语法如下:“Forms! [窗体名]![控件名]或[Forms]![窗体名]![控件名]”和“Reports![报表名]![控件名]或[Reports]![报表名]![控件名]”。故正确答案为D选项。

076. 下图所示的是报表设计视图,由此可判断该报表的分组字段是(　　)。

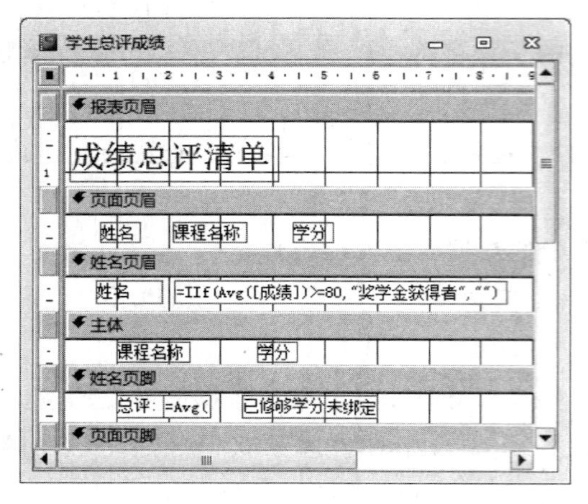

A. 课程名称　　B. 学分　　C. 成绩　　D. 姓名

参考答案:D

【解析】 从报表设计视图中可以看到“姓名页眉”节和“姓名页脚”节,说明这是在报表中添加的组页眉节和组页脚节,用来对报表中数据进行分组。所以该报表是按照“姓名”进行分组的。所以正确答案为D选项。

077. 下列操作中,适宜使用宏的是(　　)。

A. 修改数据表结构　　B. 创建自定义过程

C. 打开或关闭报表对象　　D. 处理报表中错误

参考答案:C

【解析】 宏是由一个或多个操作组成的集合,其中的每个操作都能自动执行,并实现特定的功能。在Access中,可以在宏中定义各种操作,如打开或关闭窗体、显示及隐藏工具栏、预览或打印报表等。

078. 某学生成绩管理系统的“主窗体”窗口如下图左侧所示,单击“退出系统”按钮会弹出下图右侧“请确认”提示框。如果继续单击“是”按钮,才会关闭主窗体退出系统;如果单击“否”按钮,则会返回“主窗体”继续运行系统。

为了达到这样的运行效果,在设计主窗体时为“退出系统”按钮的“单击”事件设置了一个“退出系统”宏。正确的宏设计是(　　)。

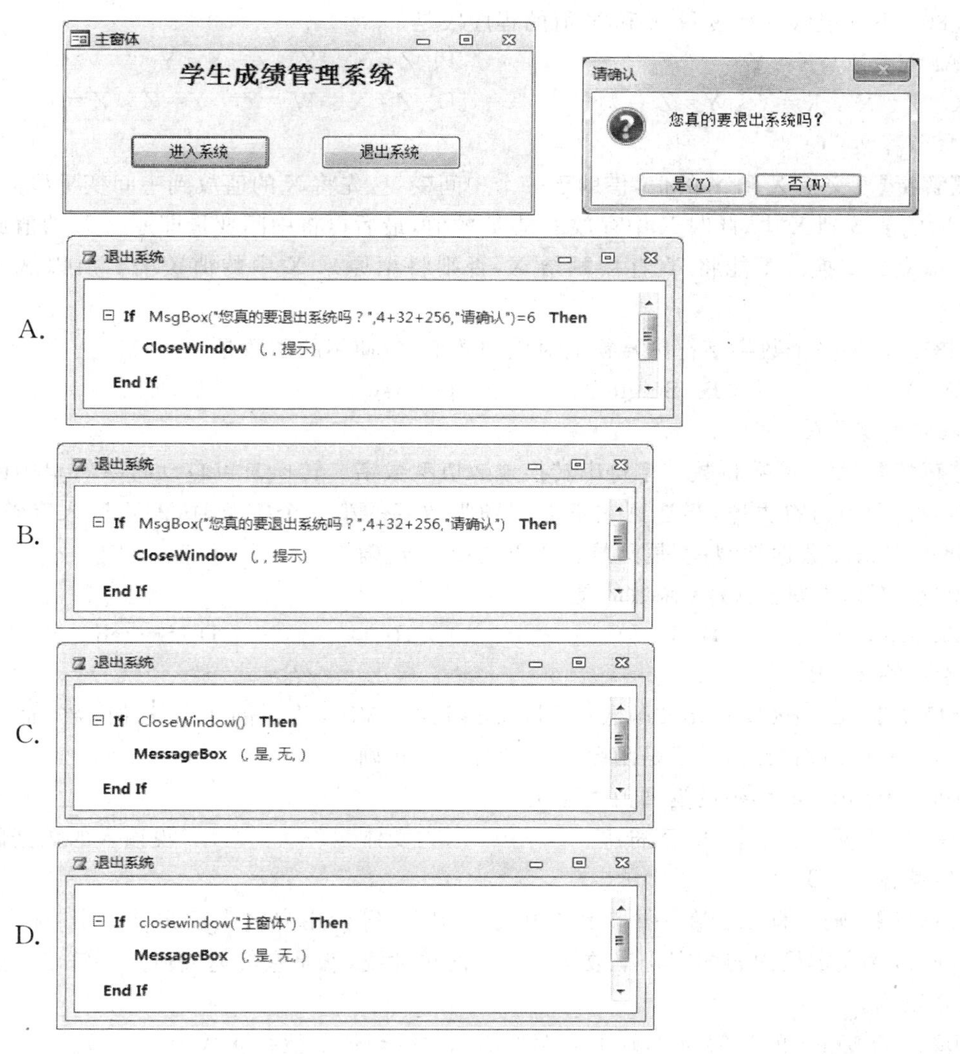

参考答案：A

【解析】 此题考查条件宏的创建，在条件列输入要满足什么条件，才能执行后面的操作。执行“MsgBox("你真的要退出系统吗?"，4＋32＋256，"请确认")＝6”这一句后会弹出一个消息框，提示用户选择“是”或“否”，如果选择“是”，则返回值为6，选择“否”，返回值为7。就是判断用户单击的是“是”按钮还是“否”按钮，如果选择“是”则条件表达式为真，执行Close关闭操作。所以选项A正确。

079. 下列变量名中，合法的是（　　）。

A. 4A　　　B. A-1　　　C. ABC_1　　　D. Private

参考答案：C

【解析】 VBA中根据变量名命名规则，变量名由英文字母开头，变量命名不能包含有空格或除了下划线字符(_)外的其他标点符号，长度不能超过255个字符，不能使用VBA的关键字。所以选项C正确。

080. 下列能够交换变量 X 和 Y 值的程序段是(　　)。

A. Y=X : X=Y　　　　B. Z=X : Y=Z　X=Y

C. Z=X : X=Y : Y=Z　　　　D. Z=X : W=Y : Y=Z : X=Y

参考答案：C

【解析】 交换 X 和 Y 的值，借助于一个中间变量，先将 X 的值放到中间变量里面，然后将 Y 的值放到 X 中，此时 X 中存放的是 Y 的值，最后再将中间变量即原来 X 的值放到 Y 中，即完成交换。不能将 Y 直接赋给 X，否则将把原来 X 中的值覆盖。所以选项 C 正确。

081. 要将一个数字字符串转换成对应的数值，应使用的函数是(　　)。

A. Val　　B. Single　　C. Asc　　D. Space

参考答案：A

【解析】 Val 函数将数字字符串转换成数值型数字。转换时可自动将字符串中的空格、制表符和换行符去掉，当遇到它不能识别为数字的第一个字符时，停止读入字符串。Single 是单精度数据类型，不是函数。所以选项 A 正确。

082. 下列不属于 VBA 函数的是(　　)。

A. Choose　　B. If　　C. IIf　　D. Switch

参考答案：B

【解析】 IIf 函数、Switch 函数和 Choose 函数是 VBA 提供的 3 个条件函数，而 If 是控制程序流程的判断语句，不是函数。所以选项 B 正确。

083. InputBox 函数的返回值类型是(　　)。

A. 数值　　B. 字符串　　C. 变体　　D. 视输入的数据而定

参考答案：B

【解析】 输入框用于在一个对话框中显示提示，等待用户输入正文并单击“确定”按钮，返回包含文本框内容的字符串数据信息。简单地说，就是它的返回值是字符串。所以选项 B 正确。

084. 若变量 i 的初值为 8，则下列循环语句中循环体的执行次数为(　　)。

```
Do While i<=17
    i=i+2
Loop
```

A. 3 次　　B. 4 次　　C. 5 次　　D. 6 次

参考答案：C

【解析】 该循环语句的执行过程为，当 i 小于等于 17 时，执行循环体，每循环一次，i 的值加 2，从 8 到 17 之间，公差为 2，加 5 次以后 i 为 18，大于 17，退出循环，共循环了 5 次。所以选项 C 正确。

085. 在窗体中有一个文本框 Text1，编写事件代码如下：

```
Private Sub Form_Click()
    X=Val(Inputbox("输入 x 的值"))
```

```
    Y=1
    If  X<>0  Then Y=2
    Text1.Value=Y
End Sub
```

打开窗体运行后，在输入框中输入整数 12，文本框 Text1 中输出的结果是(   )。

A. 1　　　B. 2　　　C. 3　　　D. 4

参考答案：B

【解析】 本题中窗体单击事件是通过输入框输入数值，根据所输入数值内容对 Y 进行赋值，运行时输入框输入 12，Y 赋初值为 1，判断 X 的值不等于 0，所以 Y 又赋值为 2，最终文本框中输出结果为 2。所以选项 B 正确。

086. 窗体中有命令按钮 cmd1，对应的事件代码如下：

```
Private Sub cmd1_Enter()
    Dim num As Integer,a As Integer,b As Integer,i As Integer
    For i=1 To 10
        num=InputBox("请输入数据:","输入")
        If Int(num/2)=num/2 Then
            a=a+1
        Else
            b=b+1
        End If
    Next i
    MsgBox("运行结果:a=" & Str(a)& ",b=" & Str(b))
End Sub
```

运行以上事件过程，所完成的功能是(   )。

A. 对输入的 10 个数据求累加和

B. 对输入的 10 个数据求各自的余数，然后再进行累加

C. 对输入的 10 个数据分别统计奇数和偶数的个数

D. 对输入的 10 个数据分别统计整数和非整数的个数

参考答案：C

【解析】 本题程序中利用 For 循环输入 10 个数，并根据 If 语句的条件分别统计两种情况的个数。在 If 语句的条件中 Int 函数的作用是对其中的参数进行取整运算，如果一个整数除以 2 后取整与其自身除以 2 相等，那么这个整数就是偶数，否则就是奇数。因此，题目是统计输入的 10 个数中奇数和偶数的个数。所以选项 C 正确。

087. 若有以下窗体单击事件过程：

```
Private Sub Form_Click()
    result=1
    For i=1 To 6 step 3
        result=result * i
    Next i
```

```
    MsgBox result
End Sub
```

打开窗体运行后，单击窗体，则消息框的输出内容是(　　)。

A. 1　　　　B. 4　　　　C. 15　　　　D. 120

参考答案：B

【解析】 本题中主要考查 For 循环执行的次数和循环变量的取值，第一次循环 i=1，result=1 * 1=1，之后 i+3；第二次循环 i=4，result=1 * 4=4，之后 i+3 为 7 不符合 For 循环条件，结束循环，输出结果为 4。所以选项 B 正确。

088. 在窗体中有一个命令按钮 Command1 和一个文本框 Text1，编写事件代码如下：

```
Private Sub Command1_Click()
    For i=1 To 4
        x=3
        For j=1 To 3
            For k=1 To 2
                x=x+3
            Next k
        Next j
    Next i
    Text1.Value=Str(x)
End Sub
```

打开窗体运行后，单击命令按钮，文本框 Text1 输出的结果是(　　)。

A. 6　　　　B. 12　　　　C. 18　　　　D. 21

参考答案：D

【解析】 题目中程序是在文本框中输出 x 的值，x 的值由一个三重循环求出，在第一重循环中，x 的初值都是 3，因此本段程序重复运行 4 次，每次 x 初值为 3，然后再经由里面两重循环的计算。在里面的两重循环中，每循环一次，x 的值加 3，里面两重循环分别从 1 到 3，从 1 到 2 共循环 6 次，所以 x 每次加 3，共加 6 次，最后的结果为 x=3+6 * 3=21。Str 函数将数值表达式转换成字符串，即在文本框中显示 21。所以选项 D 正确。

089. 窗体中有命令按钮 Command1，事件过程如下：

```
Public Function f(x As Integer) As Integer
    Dim y As Integer
    x=20
    y=2
    f=x * y
End Function
Private Sub Command1_Click()
    Dim y As Integer
    Static x As Integer
```

```
    x=10
    y=5
    y=f(x)
    Debug.Print x;y
End Sub
```

运行程序，单击命令按钮，则立即窗口中显示的内容是(　　)。

A. 10　5　　B. 10　40　　C. 20　5　　D. 20　40

参考答案：D

【解析】 本题考查的是变量的作用域，程序中命令按钮中的 x 是用 Static 定义的局部静态变量，只在模块的内部使用，过程执行时才可见。当调用 f 函数时，所求的 f 函数的值是 f 函数中 x 和 y 的值乘积，即 f 函数的值是 2＊20＝40，调用 f 函数后，原命令按钮中 x 的值被 f 函数的值覆盖，即 x＝20。最后输出 x＝20，y＝40，故答案为 D。

090. 下列程序段的功能是实现"学生"表中"年龄"字段值加 1：

```
Dim Str As String
Str="[                ]"
Docmd.RunSQL Str
```

括号内应填入的程序代码是(　　)。

A. 年龄＝年龄＋1　　B. Update 学生 Set 年龄＝年龄＋1

C. Set 年龄＝年龄＋1　　D. Edit 学生 Set 年龄＝年龄＋1

参考答案：B

【解析】 实现字段值的增加用 UPDATE 更新语句，语句格式为："UPDATE 表名 SET 字段名＝表达式"，题目中要实现对"学生"表中"年龄"字段值加 1，因此正确的语句是："Update 学生 Set 年龄＝年龄＋1"。所以选项 B 正确。

091. 在学生表中要查找所有年龄小于 20 岁且姓王的男学生，应采用的关系运算是(　　)。

A. 选择　　B. 投影　　C. 连接　　D. 比较

参考答案：A

【解析】 关系运算包括选择、投影和连接。①选择：从关系中找出满足给定条件的元组的操作称为选择。选择是从行的角度进行的运算。②投影：从关系模式中指定若干个属性组成新的关系。投影是从列的角度进行的运算。③连接：连接运算将两个关系模式拼接成一个更宽的关系模式，生成的新关系中包含满足连接条件的元组。比较不是关系运算。此题是从关系中查找所有年龄小于 20 岁且姓王的男学生，应进行的运算是选择，所以选项 A 是正确的。

092. Access 数据库最基础的对象是(　　)。

A. 表　　B. 宏　　C. 报表　　D. 查询

参考答案：A

【解析】 Access 数据库对象分为 7 种。这些数据库对象包括表、查询、窗体、报表、数据访问页、宏、模块。其中，表是数据库中用来存储数据的对象，是整个数据库系统的基础。所以选项 A 正确。

093. 在关系窗口中，双击两个表之间的连接线，会出现(　　)。

A. 数据表分析向导　　B. 数据关系图窗口

C. 连接线粗细变化　　D. 编辑关系对话框

参考答案：D

【解析】 当两表之间建立关系后，两表之间会出现一条连接线，双击这条连接线会出现“编辑关系”对话框。所以，选项 D 正确。

094. 下列关于 OLE 对象的叙述中，正确的是(　　)。

A. 用于输入文本数据

B. 用于处理超级链接数据

C. 用于生成自动编号数据

D. 用于链接或内嵌 Windows 支持的对象

参考答案：D

【解析】 OLE 对象是指字段允许链接或嵌入 OLE 对象，如 Word 文档、Excel 表格、图像、声音或者其他二进制数据。故选项 D 正确。

095. 若在查询条件中使用了通配符！，它的含义是(　　)。

A. 通配任意长度的字符

B. 通配不在括号内的任意字符

C. 通配方括号内列出的任一单个字符

D. 错误的使用方法

参考答案：B

【解析】 通配符！的含义是匹配任意不在方括号里的字符，如 b[！ae]ll 可查到 bill 和 bull，但不能查到 ball 或 bell。故选项 B 正确。

096. “学生表”中有“学号”、“姓名”、“性别”和“入学成绩”等字段。执行如下 SQL 命令后的结果是(　　)。

```
Select Avg(入学成绩) From 学生表 Group By 性别
```

A. 计算并显示所有学生的平均入学成绩

B. 计算并显示所有学生的性别和平均入学成绩

C. 按性别顺序计算并显示所有学生的平均入学成绩

D. 按性别分组计算并显示不同性别学生的平均入学成绩

参考答案：D

【解析】 SQL 查询中分组统计使用 Group By 子句，函数 Avg()用来求平均值，所以此题的查询是按性别分组计算并显示不同性别学生的平均入学成绩，所以选项 D 正确。

097. 在 SQL 语言的 SELECT 语句中，用于实现选择运算的子句是(　　)。

A. FOR　　B. IF　　C. WHILE　　D. WHERE

参考答案：D

【解析】 SQL 查询的 SELECT 语句是功能最强，也是最为复杂的 SQL 语句。

SELECT 语句的结构是：

```
SELECT [ALL|DISTINCT] 别名 FROM 表名 [WHERE 查询条件]
[GROUP BY 要分组的别名 [HAVING 分组条件] ]
```

WHERE 后面的查询条件用来选择符合要求的记录，所以选项 D 正确。

098. 在 Access 数据库中使用向导创建查询，其数据可以来自(　　)。

A. 多个表　　B. 一个表　　C. 一个表的一部分　　D. 表或查询

参考答案：D

【解析】 所谓查询，就是指根据给定的条件，从数据库中筛选出符合条件的记录，构成一个数据的集合，其数据来源可以是表或查询。所以选项 D 正确。

099. 在学生借书数据库中，已有“学生”表和“借阅”表，其中“学生”表含有“学号”、“姓名”等信息，“借阅”表含有“借阅编号”、“学号”等信息。若要找出没有借过书的学生记录，并显示其“学号”和“姓名”，则正确的查询设计是(　　)。

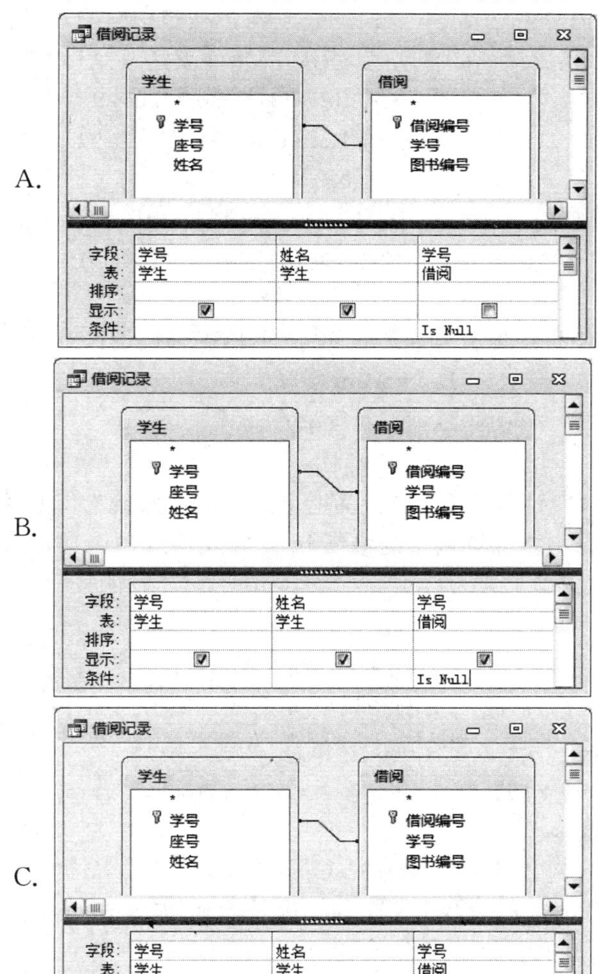

D. 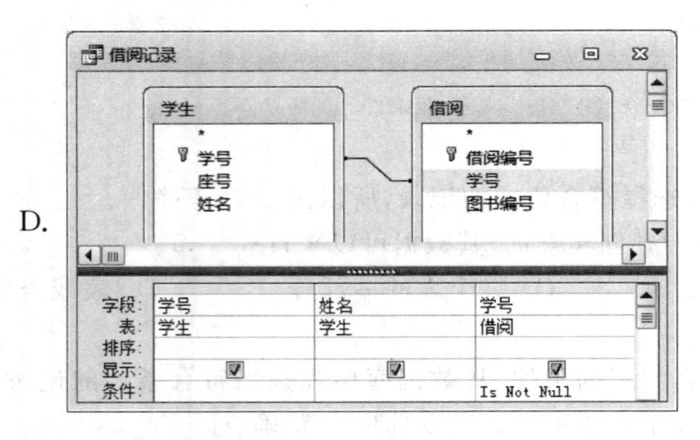

参考答案：A

【解析】 要显示没有借过书的学生，说明在"借阅"表中没有该学生记录，即"学号"字段值为空，要把这些学生的"学号"、"姓名"字段显示出来，故在"学生"表中要勾上"学号"、"姓名"两个字段，所以选项A的设计正确。

100. 在成绩中要查找成绩≥80且成绩≤90的学生，正确的条件表达式是(　　)。

A. 成绩 Between 80 And 90　　B. 成绩 Between 80 To 90

C. 成绩 Between 79 And 91　　D. 成绩 Between 79 To 91

参考答案：A

【解析】 在查询准则中比较运算符 Between … And 用于设定范围，表示"在…之间"，此题在成绩中要查找成绩≥80且成绩≤90的学生，表达式应为"成绩 Between 80 And 90"，所以选项A正确。

101. 在报表中，要计算"数学"字段的最低分，应将控件的"控件来源"属性设置为(　　)。

A. =Min([数学])　　B. =Min(数学)

C. =Min[数学]　　D. Min(数学)

参考答案：A

【解析】 在报表中，要为控件添加计算字段，应设置控件的"控件来源"属性，并且以=开头，字段要用[]括起来，在此题中要计算数学的最低分，应使用Min()函数，故正确形式为"=Min([数学])"，即选项A正确。

102. 在打开窗体时，依次发生的事件是(　　)。

A. 打开(Open)→加载(Load)→调整大小(Resize)→激活(Activate)

B. 打开(Open)→激活(Activate)→加载(Load)→调整大小(Resize)

C. 打开(Open)→调整大小(Resize)→加载(Load)→激活(Activate)

D. 打开(Open)→激活(Activate)→调整大小(Resize)→加载(Load)

参考答案：A

【解析】 Access 开启窗体时事件发生的顺序是：Open(窗体)→Load(窗体)→Resize(窗体)→Activate(窗体)→Current(窗体)→Enter(第一个拥有焦点的控件)→GotFocus(第一个拥有焦点的控件)，所以此题正确答案为A。

103. 如果在文本框内输入数据后，按Enter键或按Tab键，输入焦点可立即移至下一指定文本框，应设置(　　)。

A. “制表位”属性　　　　B. “Tab 键索引”属性

C. “自动 Tab 键”属性　　　　D. “Enter 键行为”属性

参考答案：B

【解析】 在 Access 中为窗体上的控件设置 Tab 键的顺序，应选择“属性”对话框的“其他”选项卡中的“Tab 键索引”选项进行设置。故正确答案为 B。

104. 窗体 Caption 属性的作用是(　　)。

A. 确定窗体的标题　　　　B. 确定窗体的名称

C. 确定窗体的边界类型　　　　D. 确定窗体的字体

参考答案：A

【解析】 窗体 Caption 属性的作用是确定窗体的标题，故正确答案为 A。

105. 窗体中有 3 个命令按钮，分别命名为 Command1、Command2 和 Command3。当单击 Command1 按钮时，Command2 按钮变为可用，Command3 按钮变为不可见。下列 Command1 的单击事件过程中，正确的是(　　)。

A.
```
Private Sub Command1_Click()
    Command2.Visible=True
    Command3.Visible=False
    End Sub
```

B.
```
Private Sub Command1_Click()
    Command2.Enabled=True
    Command3.Enabled=False
    End Sub
```

C.
```
Private Sub Command1_Click()
    Command2.Enabled=True
    Command3.Visible=False
    End Sub
```

D.
```
Private Sub Command1_Click()
    Command2.Visible=True
    Command3.Enabled=False
    End Sub
```

参考答案：C

【解析】 控件的 Enabled 属性是设置控件是否可用，设置为 True 表示控件可用，设置为 False 表示控件不可用；控件的 Visible 属性是设置控件是否可见，设置为 True 表示控件可见，设置为 False 表示控件不可见。此题要求 Command2 按钮变为可用，Command3 按钮变为不可见，所以选项 C 正确。

106. 在设计报表的过程中，如果要进行强制分页，应使用的工具图标是(　　)。

A. [icon]　　B. [icon]　　C. [icon]　　D. [icon]

参考答案：D

【解析】 在设计报表的过程中，如果要进行强制分页，应使用的工具图标是[icon]，另三个工具图标中，选项 A 为切换按钮，选项 B 为组合框，选项 C 为列表框。所以正确答案为 D。

107. 下列叙述中，错误的是(　　)。

A. 宏能够一次完成多个操作

B. 可以将多个宏组成一个宏组

C. 可以用编程的方法来实现宏

D. 宏命令一般由动作名和操作参数组成

参考答案：C

【解析】 宏是由一个或多个操作组成的集合，其中每个操作都实现特定的功能，宏可以是由一系列操作组成的一个宏，也可以是一个宏组。通过使用宏组，可以同时执行多个任务。可以用 Access 中的宏生成器来创建和编辑宏，但不能通过编程实现。宏由条件、操作、操作参数等构成。因此，C 选项错。

108. 在宏表达式中要引用 Form1 窗体中的 txt1 控件的值，正确的引用方法是(　　)。

A. Form1!txt1　　　　B. txt1

C. Forms!Form1!txt1　　　　D. Forms!txt1

参考答案：C

【解析】 在宏表达式中，引用窗体的控件值的格式是："Forms! 窗体名! 控件名[.属性名]"。所以选项 C 正确。

109. VBA 中定义符号常量使用的关键字是(　　)。

A. Const　　B. Dim　　C. Public　　D. Static

参考答案：A

【解析】 符号常量使用关键字 Const 来定义，格式为："Const 符号常量名称＝常量值"。Dim 是定义变量的关键字，Public 关键字定义作用于全局范围的变量、常量，Static 用于定义静态变量。所以选项 A 正确。

110. 下列表达式计算结果为数值类型的是(　　)。

A. ＃5/5/2013＃－＃5/1/2013＃　　　　B. "102"＞"11"

C. 102＝98＋4　　　　D. ＃5/1/2013＃＋5

参考答案：A

【解析】 A 选项中两个日期数据相减后结果为整型数据 4，说明两个日期数据间相差 4 天。B 选项中是两个字符串比较，结果为 False，是布尔型。C 选项中为关系表达式的值，结果为 True，是布尔型。D 选项中为日期型数据加 5，结果为＃5/6/2013＃，仍为日期型。所以选项 A 正确。

111. 要将"选课成绩"表中学生的"成绩"取整，可以使用的函数是(　　)。

A. Abs([成绩])　　B. Int([成绩])　　C. Sqr([成绩])　　D. Sgn([成绩])

参考答案：B

【解析】 取整函数是 Int，而 Abs 是求绝对值函数，Sqr 是求平方根函数，Sgn 函数返回的是表达式的符号值。所以选项 B 正确。

112. 将一个数转换成相应字符串的函数是(　　)。

A. Str　　　B. String　　　C. Asc　　　D. Chr

参考答案：A

【解析】 将数值表达式的值转化为字符串的函数是Str。而String返回一个由字符表达式的第1个字符重复组成的指定长度的字符串；Asc函数返回字符串首字符的ASCII值；Chr函数返回以数值表达式值为编码的字符。所以选项A正确。

113. 可以用InputBox函数产生输入对话框。执行语句：

```
st=InputBox("请输入字符串","字符串对话框","aaaa")
```

当用户输入字符串bbbb，按OK按钮后，变量st的内容是(　　)。

A. aaaa　　　B. 请输入字符串　　　C. 字符串对话框　　　D. bbbb

参考答案：D

【解析】 InputBox函数表示在对话框中显示提示，等待用户输入正文或按下按钮，并返回包含文本框内容的字符串，其函数格式为：

```
InputBox(Prompt[,Title][,Default][,Xpos][,Ypos][,Helpfile,Context])
```

Prompt是必需的，作为对话框消息出现的字符串表达式；Title是可选的，显示对话框标题栏中的字符串表达式；Default是可选的，显示文本框中的字符串表达式，在没有其他输入时作为默认值。因此，本题中的输入框初始显示为aaaa，输入bbbb后单击OK按钮后，bbbb传给变量st。

114. 由For i=1 To 16 Step 3决定的循环结构被执行(　　)。

A. 4次　　　B. 5次　　　C. 6次　　　D. 7次

参考答案：C

【解析】 题目考查的是For循环结构，循环初值i为1，终值为16，每次执行循环i依次加3，则i分别为1、4、7、10、13和16，则循环执行6次。所以选项C正确。

115. 运行下列程序，输入数据8、9、3和0后，窗体中显示结果是(　　)。

```
Private Sub Form_Click()
    Dim sum As Integer, m As Integer
    sum=0
    Do
        m=InputBox("输入 m")
        sum=sum+m
    Loop Until m=0
    MsgBox sum
End Sub
```

A. 0　　　B. 17　　　C. 20　　　D. 21

参考答案：C

【解析】 本题程序是通过Do循环结构对键盘输入的数据进行累加，循环结束条件是输入的字符为0，题目在输入0之前输入的3个有效数据8、9、3相加值为20。所以选项C正确。

116. 窗体中有命令按钮 Command1 和文本框 Text1，事件过程如下：

```
Function result(ByVal x As Integer) As Boolean
    If x Mod 2=0 Then
        result=True
    Else
        result=False
    End If
End Function
Private Sub Command1_Click()
    x=Val(InputBox("请输入一个整数"))
    If [          ] Then
        Text1=Str(x) & "是偶数."
    Else
        Text1=Str(x) & "是奇数."
    End If
End Sub
```

运行程序，单击命令按钮，输入 19，在 Text1 中会显示“19 是奇数”。那么在程序的括号内应填写(   )。

A. NOT result(x)　　B. result(x)

C. result(x)="奇数"　　D. result(x)="偶数"

参考答案：B

【解析】 本题程序是判断奇偶的程序。函数 result()用来判断 x 是否为偶数，如果 x 是偶数，那么 result 的返回值为真，否则返回值为假。单击命令按钮时执行的过程是输入整数 x，然后调用 result 函数，如果值为真，文本框会显示输入的值是偶数，否则显示输入的值为奇数。调用 result 函数且 result 函数值为真时的表达式为：result(x)。所以选项 B 正确。

117. 若有如下 Sub 过程：

```
Sub sfun(x As Single, y As Single)
    t=x
    x=t / y
    y=t Mod y
End Sub
```

在窗体中添加一个命令按钮 Command33，对应的事件过程如下：

```
Private Sub Command33_Click()
    Dim a As Single
    Dim b As Single
    a=5: b=4
    sfun a, b
    MsgBox a & chr(10)+chr(13) & b
End Sub
```

打开窗体运行后，单击命令按钮，消息框中有两行输出，内容分别为（　　）。

A. 1 和 1　　B. 1.25 和 1　　C. 1.25 和 4　　D. 5 和 4

参考答案：B

【解析】 本题设定了一个 sfun()函数，进行除法运算和求模运算。命令按钮的单击事件中，定义两变量 a=5 和 b=4，调用 sfun 函数传递 a 和 b 的值给 x 和 y 进行运算，t=x=5，y=4；x=t/y=5/4=1.25（除法运算）；y=t Mod y=5 mod 4=1（求模运算）。sfun 函数参数没有指明参数传递方式，则默认以传址方式传递，因此 a 的值为 1.25，b 的值为 1。所以选项 B 正确。

118. 窗体有命令按钮 Command1 和文本框 Text1，对应的事件代码如下：

```
Private Sub Command1_Click()
    For i=1 To 4
        x=3
        For j=1 To 3
            For k=1 To 2
                x=x+3
            Next k
        Next j
    Next i
    Text1.Value=Str(x)
End Sub
```

运行以上事件过程，文本框中的输出是（　　）。

A. 6　　B. 12　　C. 18　　D. 21

参考答案：D

【解析】 题目中程序是在文本框中输出 x 的值，x 的值由一个三重循环求出，在第一重循环中，x 的初值都是 3，因此本段程序 x 重复运行 4 次，每次都是初值为 3，然后再经由里面两重循环的计算。在里面的两重循环中，每循环一次，x 的值加 3，里面两重循环分别从 1 到 3，从 1 到 2 共循环 6 次，所以 x 每次加 3，共加 6 次，最后的结果为 x=3+6*3=21。Str 函数将数值表达式转换成字符串，即在文本框中显示 21。所以选项 D 正确。

119. 在窗体中有一个命令按钮 Command1，编写事件代码如下：

```
Private Sub Command1_Click()
    Dim s As Integer
    s=P(1)+P(2)+P(3)+P(4)
    debug.Print s
End Sub
Public Function P(N As Integer)
    Dim Sum As Integer
    Sum=0
    For i=1 To N
        Sum=Sum+i
    Next i
```

```
    P=Sum
End Function
```

打开窗体运行后,单击命令按钮,输出结果是(　　)。

A. 15　　B. 20　　C. 25　　D. 35

参考答案:B

【解析】 题目中在命令按钮的单击事件中调用了过程P。而过程P的功能是根据参数N计算从1到N的累加,然后返回这个值。N=1时,P(1)返回1;N=2时,P(2)返回3;N=3时,P(3)返回6;N=4时,P(4)返回10。所以s=1+3+6+10=20,选项B正确。

120. 下列过程的功能是:通过对象变量返回当前窗体的Recordset属性记录集引用,消息框中输出记录集的记录(即窗体记录源)个数。

```
Sub GetRecNum()
    Dim rs As Object
    Set rs=Me.Recordset
    MsgBox  [              ]
End Sub
```

程序括号内应填写的是(　　)。

A. Count　　B. rs. Count　　C. RecordCount　　D. rs. RecordCount

参考答案:D

【解析】 题目中对象变量rs返回当前窗体的RecordSet属性记录集的引用,那么通过访问对象变量rs的属性RecordCount就可以得到该记录集的记录个数,引用方法为rs. ReordCount。所以选项D正确。

121. 数据库的基本特点是(　　)。

A. 数据可以共享,数据冗余大,数据独立性高,统一管理和控制

B. 数据可以共享,数据冗余小,数据独立性高,统一管理和控制

C. 数据可以共享,数据冗余小,数据独立性低,统一管理和控制

D. 数据可以共享,数据冗余大,数据独立性低,统一管理和控制

参考答案:B

【解析】 数据库的基本特点是数据可以共享、数据独立性高、数据冗余小、易移植、统一管理和控制。故选项B正确。

122. 在数据表的"查找"操作中,通配符[!]的使用方法是(　　)。

A. 通配任意一个数字字符

B. 通配任意一个文本字符

C. 通配不在方括号内的任意一个字符

D. 通配位于方括号内的任意一个字符

参考答案:C

【解析】 在数据表的"查找"操作中,通配符!的含义是匹配任意不在方括号里的字符,如b[! ae]ll可查到bill和bull,但不能查到ball或bell。故选项C正确。

123. 定位到同一字段最后一条记录中的快捷键是(　　)。

A. End　　B. Ctrl+End　　C. Ctrl+↓　　D. Ctrl+Home

参考答案:C

【解析】 本题考查的是在"数据表"视图中浏览表中数据的快捷键。其中 End 的作用是使光标快速移到单行字段的结尾;Ctrl+End 的作用是使光标快速移到多行字段的结尾;Ctrl+↓的作用是使光标快速移到当前字段的最后一条记录;Ctrl+Home 的作用是使光标快速移到多行字段的开头。

124. 下列关于货币数据类型的叙述中,错误的是(　　)。

A. 货币型字段的长度为 8 个字节

B. 货币型数据等价于具有单精度属性的数字型数据

C. 向货币型字段输入数据时,不需要输入货币符号

D. 货币型数据与数字型数据混合运算后的结果为货币型

参考答案:B

【解析】 货币型数据字段长度为 8 字节,向货币字段输入数据时,不必键入美元符号和千位分隔符,可以和数值型数据混合计算,结果为货币型。故正确答案为 B。

125. 能够检查字段中的输入值是否合法的属性是(　　)。

A. 格式　　B. 默认值　　C. 有效性规则　　D. 有效性文本

参考答案:C

【解析】 "格式"属性用于定义数字、日期/时间及文本等显示及打印的方式,可以使用某种预定义格式,也可以用格式符号来创建自定义格式。"默认值"属性指定一个数值,该数值在新建记录时将自动输入到字段中。"有效性规则"属性用于规定输入到字段中的数据的范围,从而判断用户输入的数据是否合法。"有效性文本"属性的作用是当输入的数据不在规定范围时显示相应的提示信息,帮助用户更正所输入的数据。所以选项 C 正确。

126. 在 Access 中已经建立了"学生"表,若查找"学号"是 S00001 或 S00002 的记录,应在查询设计视图的"条件"行中输入(　　)。

A. "S00001" and "S00002"　　B. not ("S00001" and "S00002")

C. in ("S00001" , "S00002")　　D. not in ("S00001" , "S00002")

参考答案:C

【解析】 在查询准则中比较运算符 in 用于集合设定,表示"在……之内"。若查找"学号"是 S00001 或 S00002 的记录应使用表达式 in (" S00001"," S00002") 或 ("S00001","S00002"),所以选项 C 正确。

127. 下列关于操作查询的叙述中,错误的是(　　)。

A. 在更新查询中可以使用计算功能

B. 删除查询可删除符合条件的记录

C. 生成表查询生成的新表是原表的子集

D. 追加查询要求两个表的结构必须一致

参考答案:D

【解析】 更新查询可以实现对数据表中的某些数据有规律地进行成批更新替换操作，可以使用计算字段；删除查询可以将一些符合条件的数据筛选出来进行删除；生成表查询可以根据条件对原表进行筛选生成新表（即原表的子表），也可以直接创建原表的备份，还可以将多表联合查询生成一个新表；追加查询可以将符合查询条件的数据追加到一个已经存在的表中，该表可以是当前数据库中的一个表，也可以是另一个数据库中的表。没有要求这两个表必须结构一致。故选项 D 为正确答案。

128. 下列关于 SQL 命令的叙述中，正确的是（ ）。

A. DELETE 命令不能与 GROUP BY 关键字一起使用

B. SELECT 命令不能与 GROUP BY 关键字一起使用

C. INSERT 命令与 GROUP BY 关键字一起使用可以按分组将新记录插入到表中

D. UPDATE 命令与 GROUP BY 关键字一起使用可以按分组更新表中原有的记录

参考答案：A

【解析】 SQL 查询中使用 GROUP BY 子句用来进行分组统计，可以和 SELECT、INSERT、UPDATE 搭配使用，不能与 DELETE 搭配使用，所以选项 A 正确。

129. 数据库中有“商品”表（如下表所示），执行 SQL 命令：

```
SELECT * FROM 商品 WHERE 单价 BETWEEN 3000 AND 10000;
```

查询结果的记录数是（ ）。

部门号	商品号	商品名称	单价	数量	产地
40	0101	A 牌电风扇	200.00	10	广东
40	0104	A 牌微波炉	350.00	10	广东
40	0105	B 牌微波炉	600.00	10	广东
20	1032	C 牌传真机	1000.00	20	上海
40	0107	D 牌微波炉_A	420.00	10	北京
20	0110	A 牌电话机	200.00	50	广东
20	0112	B 牌手机	2000.00	10	广东
40	0202	A 牌电冰箱	3000.00	2	广东
30	1041	B 牌计算机	6000.00	10	广东
30	0204	C 牌计算机	10000.00	10	上海

A. 1　　B. 2　　C. 3　　D. 10

参考答案：C

【解析】 在查询准则中比较运算符 Between … And 用于设定范围，表示“在……之间”，此题中 Between 3000 And 10000，包括 3000 和 10000，所以查询出来的结果有 3 条。故选项 C 正确。

130. 数据库中有“商品”表（如下表所示），正确的 SQL 命令是（ ）。

部门号	商品号	商品名称	单价	数量	产地
40	0101	A 牌电风扇	200.00	10	广东
40	0104	A 牌微波炉	350.00	10	广东
40	0105	B 牌微波炉	600.00	10	广东
20	1032	C 牌传真机	1000.00	20	上海
40	0107	D 牌微波炉_A	420.00	10	北京
20	0110	A 牌电话机	200.00	50	广东
20	0112	B 牌手机	2000.00	10	广东
40	0202	A 牌电冰箱	3000.00	2	广东
30	1041	B 牌计算机	6000.00	10	广东
30	0204	C 牌计算机	10000.00	10	上海

A. SELECT * FROM 商品 WHERE 单价>"0112";

B. SELECT * FROM 商品 WHERE EXISTS 单价="0112";

C. SELECT * FROM 商品 WHERE 单价>(SELECT * FROM 商品 WHERE 商品号="0112");

D. SELECT * FROM 商品 WHERE 单价>(SELECT 单价 FROM 商品 WHERE 商品号="0112");

参考答案：D

【解析】 要查找出单价高于 0112 的商品记录，需要使用 SQL 的子查询，首先查找出 0112 号商品的单价，然后再找出单价大于此单价的记录，查询语句为：

```
SELECT * FROM 商品 WHERE 单价>(SELECT 单价 FROM 商品 WHERE 商品号="0112")
```

所以选项 D 正确。

131. 在代码中引用一个窗体时，应使用的属性是(　　)。

A. Caption　　B. Name　　C. Text　　D. Index

参考答案：B

【解析】 在代码中引用一个窗体时，应使用的属性是 Name 属性，即名称属性。其中选项 A 的 Caption 属性表示控件的标题属性；选项 C 的 Text 属性表示控件的文本属性；选项 D 的 Index 属性表示控件的索引编号。所以正确答案为 B。

132. 确定一个窗体大小的属性是(　　)。

A. Width 和 Height　　B. Width 和 Top

C. Top 和 Left　　D. Top 和 Height

参考答案：A

【解析】 确定一个窗体大小的属性是控件的宽和高属性，即 Width 和 Height，选项 A 为正确答案。选项 C 的两个属性确定对象的位置。

133. 对话框在关闭前，不能继续执行应用程序的其他部分，这种对话框称为(　　)。

A. 输入对话框　　B. 输出对话框　　C. 模态对话框　　D. 非模态对话框

参考答案：C

【解析】 对话框按执行方式原理不同分为两种：模态对话框和非模态对话框。模态对话框，是指在继续执行应用程序的其他部分之前，必须先关闭对话框；非模态对话框允许在对话框与其他窗体间转移焦点而不必关闭对话框。所以选项 C 为正确答案。

134. Access 的“切换面板”窗体归属的对象是(　　)。

A. 表　　B. 查询　　C. 窗体　　D. 页

参考答案：C

【解析】 “切换面板”是一种特殊类型的窗体，默认的切换面板名为 SwitchBoard，当用系统的“切换面板管理器”创建切换面板时，Access 会创建一个“切换面板项目”表，用来描述窗体上的按钮显示什么以及具有什么功能。所以正确答案为 C。

135. 报表的作用不包括(　　)。

A. 分组数据　　B. 汇总数据　　C. 格式化数据　　D. 输入数据

参考答案：D

【解析】 报表是用来在数据库中获取数据，并对数据进行分组、计算、汇总和打印输出。它是 Access 数据库的对象之一。利用报表可以按指定的条件打印输出一定格式的数据信息，它有以下功能：格式化数据、分组汇总功能、插入图片或图表、多样化输出。所以正确答案为 D。

136. 假定窗体的名称为 fTest，将窗体的标题设置为 Sample 的语句是(　　)。

A. Me＝"Sample"　　B. Me. Caption＝"Sample"

C. Me. Text＝"Sample"　　D. Me. Name＝"Sample"

参考答案：B

【解析】 窗体 Caption 属性的作用是确定窗体的标题，设置当前窗体的属性时可以用 Me 来表示当前窗体，故正确答案为 B。

137. 表达式 4＋5\6＊7/8 Mod 9 的值是(　　)。

A. 4　　B. 5　　C. 6　　D. 7

参考答案：B

【解析】 题目的表达式中涉及的运算的优先级顺序由高到低依次为：乘法和除法(＊、/)、整数除法(\)、求模运算(Mod)、加法(＋)。因此

4＋5\6＊7/8 Mod 9 ＝4＋5\42/8 Mod 9

＝4＋5\5.25 Mod 9

＝4＋1 Mod 9＝4＋1＝5

所以选项 B 正确。

138. 对象可以识别和响应的行为称为(　　)。

A. 属性　　B. 方法　　C. 继承　　D. 事件

参考答案：D

【解析】 事件是对象所能辨识和检测的动作，当此动作发生于某一个对象上时，其对应的事件便会被触发，并执行相应的事件过程。所以选项 D 正确。

139. MsgBox 函数使用的正确语法是(　　)。

A. MsgBox(提示信息[,标题][,按钮类型])

B. MsgBox(标题[,按钮类型][,提示信息])

C. MsgBox(标题[,提示信息][,按钮类型])

D. MsgBox(提示信息[,按钮类型][,标题])

参考答案:D

【解析】 MsgBox函数的语法格式为:

```
MsgBox(Prompt[,Buttons][,Title][,Helpfile][,Context])
```

其中Prompt是必需的,其他为可选参数。所以选项D正确。

140. 在定义过程时,系统将形式参数类型默认为(　　)。

A. 值参　　B. 变参　　C. 数组　　D. 无参

参考答案:B

【解析】 在VBA中定义过程时,如果省略参数类型说明,那么该参数将默认为按地址传递的变型参数,这就意味着,过程调用时会把实际参数的地址传递给过程,如果在过程内部对该参数的值进行改变,那么就会影响实际参数的值。所以选项B正确。

141. 在一行上写多条语句时,应使用的分隔符是(　　)。

A. 分号(;)　　B. 逗号(,)　　C. 冒号(:)　　D. 空格(␣)

参考答案:C

【解析】 VBA中在一行中写多条语句时,应使用冒号(:)分隔。所以选项C正确。

142. 如果A为Boolean型数据,则下列赋值语句正确的是(　　)。

A. A="true"　　B. A=.true

C. A=#TURE#　　D. A=3<4

参考答案:D

【解析】 为Boolean型变量赋值可以使用系统常量True、False,也可以通过关系表达式为变量赋值。题目中只有A=3<4能够正确为Boolean变量赋值,表达式3<4为真。所以选项D正确。

143. 编写如下窗体事件过程:

```
Private Sub Form_MouseDown(Button As Integer,Shift As Integer,X As Single,Y As
Single)
    If Shift=6 And Button=2 Then
        MsgBox "Hello"
    End If
End Sub
```

程序运行后,为了在窗体上消息框中输出Hello信息,在窗体上应执行的操作是(　　)。

A. 同时按下Shift键和鼠标左键

B. 同时按下Shift键和鼠标右键

C. 同时按下Ctrl、Alt键和鼠标左键

D. 同时按下Ctrl、Alt键和鼠标右键

参考答案：D

【解析】 在窗体的鼠标事件中，参数 Button 的值为 1 表示左键按下，为 2 表示右键按下，值为 4 表示中间键按下；参数 Shift 的值为 1 表示 Shift 键按下，为 2 表示 Ctrl 键按下，为 4 表示 Alt 键按下；为 6 则表示是 Ctrl 键和 Alt 键按下。所以选项 D 正确。

144. Dim b1，b2 As Boolean 语句显式声明变量（　　）。

A. b1 和 b2 都为布尔型变量

B. b1 是整型，b2 是布尔型

C. b1 是变体型（可变型），b2 是布尔型

D. b1 和 b2 都是变体型（可变型）

参考答案：C

【解析】 在使用 Dim 显式声明变量时，如果省略“As 类型”，那么变量将被定义为变体型（Variant 类型）。所以选项 C 正确。

145. Rnd 函数不可能产生的值是（　　）。

A. 0　　B. 1　　C. 0.1234　　D. 0.00005

参考答案：B

【解析】 Rnd 函数产生一个 0～1 之间的单精度随机数，Rnd 函数返回小于 1 但大于或等于 0 的值。所以选项 B 正确。

146. 运行下列程序，显示的结果是（　　）。

```
a=instr(5,"Hello! Beijing.","e")
b=sgn(3>2)
c=a+b
MsgBox c
```

A. 1　　B. 3　　C. 7　　D. 9

参考答案：C

【解析】 题目中 instr(5，"Hello！ Beijing. "，"e")的含义是从“Hello！ Beijing”的第 5 个字符开始查找 e 在整个字符串中出现的位置，它在第 8 个字符位置，因此 a 值为 8；Sgn 函数是返回表达式符号，表达式大于 0 时返回 1，等于 0 返回 0，小于 0 返回－1；表达式 3＞2 的值为 True，True 转为整数时为－1，False 转为整数时为 0，因此 b 值为－1。由此可得c＝a＋b＝8－1＝7。所以选项 C 正确。

147. 假定有以下两个过程：

```
Sub s1(ByVal x As Integer,ByVal y As Integer)
    Dim t As Integer
    t=x
    x=y
    y=t
End Sub
Sub S2(x As Integer,y As Integer)
    Dim t As Integer
```

```
    t=x: x=y: y=t
End Sub
```

下列说法正确的是(　　)。

A. 用过程 S1 可以实现交换两个变量的值的操作,S2 不能实现

B. 用过程 S2 可以实现交换两个变量的值的操作,S1 不能实现

C. 用过程 S1 和 S2 都可以实现交换两个变量的值的操作

D. 用过程 S1 和 S2 都不可以实现交换两个变量的值的操作

参考答案:B

【解析】 VBA 中定义过程时如果省略传值方式则默认为按地址传递,过程 S2 中省略了参数传递方式说明,因此参数将按传址调用,而过程 S1 由于声明为按值传递(ByVal),所以会按传值调用参数。而在过程调用时,如果按传值调用,实参只是把值传给了形参,在过程内部对形参值进行改变不会影响实参变量,按传址调用则不同,这种方式是把实参的地址传给了形参,在过程中对形参值进行改变也会影响实参的值。因此,过程 S2 能够交换两个变量的值,而 S1 不能实现。所以选项 B 正确。

148. 如果在 C 盘根文件夹下存在名为 StuData. dat 的文件,那么执行语句

```
Open "C:\StuData.dat" For Append As #1
```

之后将(　　)。

A. 删除文件中原有内容

B. 保留文件中原有内容,在文件尾添加新内容

C. 保留文件中原有内容,在文件头开始添加新内容

D. 保留文件中原有内容,在文件中间开始添加新内容

参考答案:B

【解析】 文件打开方式中使用 For Append 时,指定文件按顺序方式输出,文件指针被定位在文件末尾。如果对文件执行写操作,则写入的数据附加到原来文件的后面。所以选项 B 正确。

149. ADO 对象模型中可以打开并返回 RecordSet 对象的是(　　)。

A. 只能是 Connection 对象

B. 只能是 Command 对象

C. 可以是 Connection 对象和 Command 对象

D. 不存在

参考答案:C

【解析】 RecordSet 对象代表记录集,这个记录集是连接的数据库中的表或者是 Command 对象的执行结果所返回的记录集。Connection 对象用于建立与数据库的连接,通过连接可从应用程序访问数据源。因此,可以打开和返回 RecordSet 对象。Command 对象在建立 Connection 后,可以发出命令操作数据源,并返回 RecordSet 对象。所以选项 C 正确。

150. 数据库中有 Emp 表对象,包括 Eno、Ename、Eage、Esex、Edate 和 Eparty 等字

段。下面程序段的功能是：在窗体文本框 tValue 内输入年龄条件，单击“删除”按钮完成对该年龄职工记录信息的删除操作。

```
Private Sub btnDelete_Click()                    '单击“删除”按钮
    Dim strSQL  As String                        '定义变量
    strSQL="delete from Emp"                     '赋值 SQL 基本操作字符串
    '判断窗体年龄条件值无效(空值或非数值)处理
    If  IsNull(Me! tValue)=True Or IsNumeric(Me! tValue)=False  Then
        MsgBox "年龄值为空或非有效数值!", vbCritical, "Error"
        '窗体输入焦点移回年龄输入的文本框"tValue"控件内
        Me! tValue.SetFocus
    Else
        '构造条件删除查询表达式
        strSQL=strSQL & " where Eage=" & Me! tValue
        '消息框提示“确认删除? (Yes/No)”,选择 Yes 实施删除操作
        If MsgBox("确认删除? (Yes/No)", vbQuestion+vbYesNo, "确认")=vbYes Then
            '执行删除查询
            DoCmd.____________________  strSQL
            MsgBox "completed!", vbInformation, "Msg"
        End If
    End If
End Sub
```

按照功能要求，下划线处应填写的是(　　)。

A. Execute　　B. RunSQL　　C. Run　　D. SQL

参考答案：B

【解析】 DoCmd 对象的 RunSQL 方法用来运行 Access 的查询，完成对表记录的查询操作。所以选项 B 正确。

151. 下列关于数据库的叙述中，正确的是(　　)。

A. 数据库减少了数据冗余

B. 数据库避免了数据冗余

C. 数据库中的数据一致性是指数据类型一致

D. 数据库系统比文件系统能够管理更多数据

参考答案：A

【解析】 数据库的主要特点是：①实现数据共享；②减少数据的冗余度；③数据具有独立性；④实现数据集中控制；⑤数据具有一致性和可维护性，以确保数据的安全性和可靠性；⑥故障恢复。所以选项 A 正确。

152. Access 字段名不能包含的字符是(　　)。

A. @　　B. !　　C. %　　D. &

参考答案：B

【解析】 在 Access 中，字段名称应遵循如下命名规则：字段名称的长度最多达 64 个字符；字段名称可以是包含字母、数字、空格和特殊字符(除句号、感叹号和方括号)的任

意组合;字段名称不能以空格开头;字段名称不能包含控制字符(从 0 到 31 的 ASCII 码)。故答案为 B 选项。

153. 某数据表中有 5 条记录,其中“编号”为文本型字段,其值分别为 129、97、75、131、118,若按该字段对记录进行降序排序,则排序后的顺序应为(　　)。

A. 75、97、118、129、131　　B. 118、129、131、75、97

C. 131、129、118、97、75　　D. 97、75、131、129、118

参考答案:D

【解析】 文本型数据排序是按照其 ASCII 码进行排序的,并且首先按第一个字符排序,然后再依次按照后面的字符排序。故正确答案为 D。

154. 对要求输入相对固定格式的数据,例如电话号码 010-83950001,应定义字段的(　　)。

A. “格式”属性　　B. “默认值”属性

C. “输入掩码”属性　　D. “有效性规则”属性

参考答案:C

【解析】 “输入掩码”是用户输入数据时的提示格式。它规定了数据的输入格式,有利于提高数据输入的正确性。在本题中对要求输入相对固定格式的数据,例如,电话号码 010-83950001,应定义字段的输入掩码为 000-00000000。故选项 C 为正确答案。

155. 在筛选时,不需要输入筛选规则的方法是(　　)。

A. 高级筛选　　B. 按窗体筛选

C. 按选定内容筛选　　D. 输入筛选目标筛选

参考答案:C

【解析】 “按窗体筛选”可以在表的空白窗体中输入筛选准则,显示表中与准则匹配的记录;“按选定内容筛选”可以选择数据表的部分数据建立筛选规则,显示与所选数据匹配的记录;“高级筛选”可以对一个或多个数据表、查询进行筛选;“输入筛选目标筛选”显示快捷菜单输入框,直接输入筛选规则。故选项 C 为正确答案。

156. 在 Access 中已经建立了“学生”表,若查找“学号”是 S00007 或 S00008 的记录,应在查询设计视图的“条件”行中输入(　　)。

A. "S00007" or "S00008"　　B. "S00007" and "S00008"

C. in("S00007" , "S00008")　　D. in("S00007" and "S00008")

参考答案:C

【解析】 在查询准则中比较运算符 in 用于集合设定,表示“在……之内”。若查找“学号”是 S00007 或 S00008 的记录应使用表达式 in("S00007" , "S00008"),也可以使用表达式("S00007" or "S00008")。所以选项 C 正确。

157. 将表 A 的记录添加到表 B 中,要求保持表 B 中原有的记录,可以使用的查询是(　　)。

A. 选择查询　　B. 追加查询　　C. 更新查询　　D. 生成表查询

参考答案:B

【解析】 追加查询可以将符合查询条件的记录追加到一个已经存在的表中,该表可以是当前数据库中的一个表,也可以是另一个数据库中的表,所以选项 B 正确。

158. 下列关于 SQL 命令的叙述中,正确的是(　　)。

A. UPDATE 命令中必须有 FROM 关键字

B. UPDATE 命令中必须有 INTO 关键字

C. UPDATE 命令中必须有 SET 关键字

D. UPDATE 命令中必须有 WHERE 关键字

参考答案:C

【解析】 在 SQL 查询中修改表中数据的语法结构为:UPDATE tablename SET 字段名=value ［WHERE 条件］。所以选项 C 正确。

159. 数据库中有“商品”表如下所示。执行 SQL 命令:

```
SELECT * FROM 商品 WHERE 单价>(SELECT 单价 FROM 商品 WHERE 商品号="0112");
```

部门号	商品号	商 品 名 称	单 价	数 量	产 地
40	0101	A 牌电风扇	200.00	10	广东
40	0104	A 牌微波炉	350.00	10	广东
40	0105	B 牌微波炉	600.00	10	广东
20	1032	C 牌传真机	1000.00	20	上海
40	0107	D 牌微波炉_A	420.00	10	北京
20	0110	A 牌电话机	200.00	50	广东
20	0112	B 牌手机	2000.00	10	广东
40	0202	A 牌电冰箱	3000.00	2	广东
30	1041	B 牌计算机	6000.00	10	广东
30	0204	C 牌计算机	10000.00	10	上海

查询结果的记录数是(　　)。

A. 1　　　　B. 3　　　　C. 4　　　　D. 10

参考答案:B

【解析】 要查找出单价高于 0112 的商品记录,需要使用 SQL 的子查询,首先查找出 0112 号商品的单价,然后再找出单价大于此单价的记录,查询语句为:

```
SELECT * FROM 商品 WHERE 单价>(SELECT 单价 FROM 商品 WHERE 商品号="0112")
```

商品号为 0112 的商品单价为 2000,单价大于 2000 的记录有 3 条,所以选项 B 正确。

160. 数据库中有“商品”表如下所示。

部门号	商品号	商 品 名 称	单 价	数 量	产 地
40	0101	A 牌电风扇	200.00	10	广东
40	0104	A 牌微波炉	350.00	10	广东
40	0105	B 牌微波炉	600.00	10	广东

续表

部门号	商品号	商品名称	单价	数量	产地
20	1032	C 牌传真机	1000.00	20	上海
40	0107	D 牌微波炉_A	420.00	10	北京
20	0110	A 牌电话机	200.00	50	广东
20	0112	B 牌手机	2000.00	10	广东
40	0202	A 牌电冰箱	3000.00	2	广东
30	1041	B 牌计算机	6000.00	10	广东
30	0204	C 牌计算机	10000.00	10	上海

要查找出单价大于等于 3000 并且小于 10000 的记录，正确的 SQL 命令是(　　)。

A. SELECT * FROM 商品 WHERE 单价 BETWEEN 3000 AND 10000;

B. SELECT * FROM 商品 WHERE 单价 BETWEEN 3000 TO 10000;

C. SELECT * FROM 商品 WHERE 单价 BETWEEN 3000 AND 9999;

D. SELECT * FROM 商品 WHERE 单价 BETWEEN 3000 TO 9999;

参考答案：C

【解析】 在查询准则中比较运算符 BETWEEN … AND 用于设定范围，表示"在……之间"，此题要求查找大于等于 3000，小于 10000 的记录，因为不包括 10000，所以设定的范围为 BETWEEN 3000 AND 9999。所以选项 C 正确。

161. 下列选项中，所有控件共有的属性是(　　)。

A. Caption　　B. Value　　C. Text　　D. Name

参考答案：D

【解析】 所有控件共有的属性是 Name 属性，因为在代码中引用一个控件时，Name 属性是必须使用的控件属性。所以正确答案为 D。

162. 要使窗体上的按钮运行时不可见，需要设置的属性是(　　)。

A. Enabled　　B. Visible　　C. Default　　D. Cancel

参考答案：B

【解析】 控件的 Enabled 属性是设置控件是否可用；Visible 属性是设置控件是否可见；Default 属性指定某个命令按钮是否为窗体的默认按钮；Cancel 属性可以指定窗体上的命令按钮是否为"取消"按钮。所以正确答案为 B。

163. 窗体主体的 BackColor 属性用于设置窗体主体的(　　)。

A. 高度　　B. 亮度　　C. 背景色　　D. 前景色

参考答案：C

【解析】 窗体主体的 Height 属性用来设置窗体主体的高度，BackColor 属性用于设置窗体主体的背景色。窗体主体中没有亮度及前景色的属性设置。所以选项 C 正确。

164. 若要使某命令按钮获得控制焦点，可使用的方法是(　　)。

A. LostFocus　　B. SetFocus　　C. Point　　D. Value

参考答案：B

【解析】 使某个控件获得控制焦点可以使用 SetFocus 方法。语法为：Object.SetFocus。当控件失去焦点时发生 LostFocus 事件，当控件得到焦点时发生 GotFocus 事件。所以选项 B 正确。

165. 可以获得文本框当前插入点所在位置的属性是(　　)。

A. Position　　B. SelStart　　C. SelLength　　D. Left

参考答案：B

【解析】 文本框的属性中没有 Position 属性，SelStart 属性值表示当前插入点所在位置，SelLenght 属性值表示文本框中选中文本的长度，Left 属性值表示文本框距窗体左边框的位置。所以选项 B 正确。

166. 要求在页面页脚中显示“第 X 页，共 Y 页”，则页脚中的页码“控件来源”应设置为(　　)。

A. ="第" & [pages] & "页，共" & [page] & "页"

B. ="共" & [pages] & "页，第" & [page] & "页"

C. ="第" & [page] & "页，共" & [pages] & "页"

D. ="共" & [page] & "页，第" & [pages] & "页"

参考答案：C

【解析】 在报表中添加页码时，表达式中 Page 和 Pages 是内置变量，[Page]代表当前页，[Pages]代表总页数，表达式中的其他字符串将按顺序原样输出。所以选项 C 正确。

167. 一个窗体上有两个文本框，其放置顺序分别是：Text1 和 Text2，要想在 Text1 中按“回车”键后焦点自动转到 Text2 上，需编写的事件是(　　)。

A. Private Sub Text1_KeyPress(KeyAscii As Integer)

B. Private Sub Text1_LostFocus()

C. Private Sub Text2_GotFocus()

D. Private Sub Text1_Click()

参考答案：A

【解析】 根据题目的要求，如果想要在 Text1 中按“回车”键使焦点自动转到 Text2 上，那么就需要编写 Text1 的按键事件过程，即 Sub Text1_KeyPress()。具体实现代码如下：

```
Private Sub Text1_KeyPress(KeyAscii As Integer)
    If KeyAscii=13 then Text2.SetFocus
End Sub
```

168. 将逻辑型数据转换成整型数据，转换规则是(　　)。

A. 将 True 转换为 -1，将 False 转换为 0

B. 将 True 转换为 1，将 False 转换为 -1

C. 将 True 转换为 0，将 False 转换为 -1

D. 将 True 转换为 1，将 False 转换为 0

参考答案：A

【解析】 在 VBA 中将逻辑型数据转换成整型数据时，True 转为－1，False 则转为 0。

169. 对不同类型的运算符，优先级的规定是(　　)。

A. 字符运算符 ＞ 算术运算符 ＞ 关系运算符 ＞ 逻辑运算符

B. 算术运算符 ＞ 字符运算符 ＞ 关系运算符 ＞ 逻辑运算符

C. 算术运算符 ＞ 字符运算符 ＞ 逻辑运算符 ＞ 关系运算符

D. 字符运算符 ＞ 关系运算符 ＞ 逻辑运算符 ＞ 算术运算符

参考答案：B

【解析】 对不同类型的运算符，优先级为：算术运算符＞连接运算符(字符运算符)＞比较运算符(关系运算符)＞逻辑运算符。所有比较运算符的优先级相同。算术运算符中，指数运算符(^)＞负数(－)＞乘法和除法(*、/)＞整数除法(＞)求模运算(Mod)＞加法和减法(＋、－)。括号优先级最高。所以选项 B 正确。

170. VBA 中构成对象的三要素是(　　)。

A. 属性、事件、方法　　　　B. 控件、属性、事件

C. 窗体、控件、过程　　　　D. 窗体、控件、模块

参考答案：A

【解析】 VBA 中构成对象的三要素是属性、事件和方法。每种对象都具有一些描述对象自身的属性。对象的方法就是对象可以执行的行为。事件是对象可以识别或响应的动作。

171. 表达式 X＋1＞X 是(　　)。

A. 算术表达式　　B. 非法表达式　　C. 关系表达式　　D. 字符串表达式

参考答案：C

【解析】 由于不同类型的运算符的优先级为：算术运算符＞连接运算符(字符运算符)＞比较运算符(关系运算符)＞逻辑运算符。因此表达式 X＋1＞X 又可写成(X＋1)＞X，即这个表达式是一个关系表达式。所以选项 C 正确。

172. 如有数组声明语句 Dim a(2，－3 to 2,4)，则数组 a 包含元素的个数是(　　)。

A. 40　　B. 75　　C. 12　　D. 90

参考答案：D

【解析】 数组的默认下限为 0，所以 Dim a(2，－3 to 2, 4)，第一维下标为 0,1,2，共 3 个，第二维下标为－3，－2，－1，0，1，2，共 6 个，第三维下标为 0，1，2，3，4，共 5 个，所以数据 a 包含的元素个数为 3×6×5＝90。所以选项 D 正确。

173. 表达式 123＋Mid＄("123456",3,2)的结果是(　　)。

A. "12334"　　B. 12334　　C. 123　　D. 157

参考答案：D

【解析】 Mid＄("123456",3,2)是从字符串中第 3 个字符开始取 2 个字符，结果是"34"，于是题目中的表达式成为 123＋"34"。在 VBA 中数值和数字字符串进行运算时，

会把数字字符串转换为数值进行运算，所以表达式 123＋"34"就成为 123＋34＝157。所以选项 D 正确。

174. InputBox 函数的返回值类型是(　　)。

A. 数值　　B. 字符串

C. 变体　　D. 数值或字符串(视输入的数据而定)

参考答案：B

【解析】 输入框用于在一个对话框中显示提示，等待用户输入正文并按下按钮，返回包含文本框内容的字符串数据信息。简单地说，就是它的返回值是字符串。所以选项 B 正确。

175. 删除字符串前导和尾随空格的函数是(　　)。

A. LTrim()　　B. RTrim()　　C. Trim()　　D. LCase()

参考答案：C

【解析】 删除字符串开始和尾部空格使用函数 Trim()。而函数 LTrim()是删除字符串的开始空格，RTrim()函数是删除字符串的尾部空格。LCase()函数是将字符串中大写字母转换成小写字母。所以选项 C 正确。

176. 有以下程序段：

```
K=5
For i=1 to 10 step 0
    K=k+2
Next i
```

执行该程序段后，结果是(　　)。

A. 语法错误　　B. 形成无限循环

C. 循环体不执行直接结束循环　　D. 循环体执行一次后结束循环

参考答案：B

【解析】 题目的 For 循环 i 初值为 1，终值为 10，步长为 0，那么循环变量 i 永远到不了终值 10，循环体将无限循环下去。所以选项 B 正确。

177. 运行下列程序，显示的结果是(　　)。

```
S=0
For i=1 To 5
    For j=1 To i
        For k=j To 4
            s=s+1
        Next k
    Next j
Next i
MsgBox s
```

A. 4　　B. 5　　C. 38　　D. 40

参考答案：D

【解析】 本题是多层 For 嵌套循环，最内层是循环次数计数，最外层循环会执行 5 次，而内层循环会因 i 的值不同而执行不同次数的循环。当：

I＝1 时，s＝4

I＝2 时，s＝4＋4＋3＝11

I＝3 时，s＝11＋4＋3＋2＝20

I＝4 时，s＝20＋4＋3＋2＋1＝30

I＝5 时，s＝30＋4＋3＋2＋1＝40，因此 s 的值最终为 40。

所以选项 D 正确。

178. 在 VBA 代码调试过程中，能够显示出当前过程中所有变量声明及变量值信息的是(　　)。

A. 快速监视窗口　　B. 监视窗口　　C. 立即窗口　　D. 本地窗口

参考答案：D

【解析】 本地窗口自动显示出所有在当前过程中的变量声明及变量值。本地窗口打开后，列表中的第一项内容是一个特殊的模块变量。对于类模块，定义为 Me。Me 是对当前模块定义的当前实例的引用。由于它是对象引用，因而可以展开显示当前实例的全部属性和数据成员。所以选项 D 正确。

179. 下列只能读不能写的文件打开方式是(　　)。

A. Input　　B. Output　　C. Random　　D. Append

参考答案：A

【解析】 VBA 中如果文件打开方式为 Input，则表示从指定的文件中读出记录，此方式不能对打开的文件进行写操作；如果指定的文件不存在，则会产生“文件未找到”错误。其他 3 种形式均可以对打开的文件进行写操作。

180. 教师管理数据库有数据表 teacher，包括“编号”、“姓名”、“性别”和“职称”4 个字段。下面程序的功能是：通过窗体向 teacher 表中添加教师记录。对应“编号”、“姓名”、“性别”和“职称”的 4 个文本框的名称分别为 tNo、tName、tSex 和 tTitles。当单击窗体上的“增加”命令按钮(名称为 Command1)时，首先判断编号是否重复，如果不重复，则向 teacher 表中添加教师记录；如果编号重复，则给出提示信息。

有关代码如下：

```
Private ADOcn  As New ADODB.Connection
Private Sub Form_Load()
    '打开窗口时，连接 Access 本地数据库
    Set ADOcn=__________________
End Sub
Private Sub Command0_Click()
    '追加教师记录
    Dim strSQL As String
    Dim ADOcmd  As New ADODB.Command
    Dim ADOrs  As New ADODB.Recordset
    Set ADOrs.ActiveConnection=ADOcn
```

```
    ADOrs.Open "Select 编号 From teacher Where 编号='"+tNo+"'"
    If Not ADOrs.EOF Then
        MsgBox "你输入的编号已存在,不能新增加!"
    Else
        ADOcmd.ActiveConnection=ADOcn
        strSQL="Insert Into teacher(编号,姓名,性别,职称) "
        strSQL=strSQL+" Values('"+tNo+"','"+tName+"','"+tSex+"',
        '"+tTitles+"')"
        ADOcmd.CommandText=strSQL
        ADOcmd.Execute
        MsgBox "添加成功,请继续!"
    End If
    ADOrs.Close
    Set ADOrs=Nothing
End Sub
```

按照功能要求,在横线上应填写的是(　　)。

A. CurrentDB　　　　B. CurrentDB. Connention

C. CurrentProject　　　　D. CurrentProject. Connection

参考答案:D

【解析】 由于变量 ADOcn 定义为 ADODB 连接对象,因此当初始化为连接当前数据库时要使用 Set ADOcn = CurrentProject. Connection。因为 CurrentDb 是 DAO. Database 的对象,而 CurrentProject 才是适用于 ADO. Connection 的对象。所以选项 D 正确。

181. 关系数据库管理系统中所谓的关系指的是(　　)。

A. 各元组之间彼此有一定的关系

B. 各字段之间彼此有一定的关系

C. 数据库之间彼此有一定的关系

D. 满足一定条件的二维表格

参考答案:D

【解析】 在关系性数据库管理系统中,系统以二维表格的形式记录管理信息,所以关系就是符合满足一定条件的二维表格。故选项 D 为正确答案。

182. 在文本型字段的"格式"属性中,若使用"@:男",则下列叙述正确的是(　　)。

A. @代表所有输入的数据　　　　B. 只可以输入字符@

C. 必须在此字段输入数据　　　　D. 默认值是"男"一个字

参考答案:D

【解析】 对于文本和备注字段,可以在字段属性的设置中使用特殊的符号来创建自定义格式。其中符号@的含义是要求文本字符(字符或空格)。故选项 D 为正确答案。

183. 数据类型是(　　)。

A. 字段的另外一种定义　　　　B. 一种数据库应用程序

C. 决定字段能包含哪类数据的设置　　　　D. 描述表向导提供的可选择的字段

参考答案：C

【解析】 变量的数据类型决定了如何将代表这些值的位存储到计算机的内存中。在声明变量时也可指定它的数据类型。所有变量都具有数据类型，以决定能够存储哪种数据。所以选项 C 正确。

184. 定义某一个字段默认值属性的作用是(　　)。

A. 不允许字段的值超出指定的范围

B. 在未输入数据前系统自动提供值

C. 在输入数据时系统自动完成大小写转换

D. 当输入数据超出指定范围时显示的信息

参考答案：B

【解析】 字段可以设置“默认值”属性指定一个数值，该数值在新建记录时将自动输入到字段中。故选项 B 为正确答案。

185. 在 Access 中，参照完整性规则不包括(　　)。

A. 查询规则　　B. 更新规则　　C. 删除规则　　D. 插入规则

参考答案：A

【解析】 表间的参照完整性规则包括更新规则、删除规则、插入规则。故选项 A 为正确答案。

186. 在 Access 中已经建立了“学生”表，若查找“学号”是 S00001 或 S00002 的记录，应在查询设计视图的“条件”行中输入(　　)。

A. ("S00001" or "S00002")　　B. Like("S00001","S00002")

C. "S00001" and "S00002"　　D. like "S00001" and like "S00002"

参考答案：A

【解析】 在查询准则中比较运算符"IN"用于集合设定，表示在……之内。若查找“学号”是"S00001"或"S00002"的记录应使用表达式 in("S00001" ，"S00002")，也可以使用表达式("S00001" or "S00002")，所以选项 A 正确。

187. 下列关于 SQL 命令的叙述中，正确的是(　　)。

A. INSERT 命令中可以没有 VALUES 关键字

B. INSERT 命令中可以没有 INTO 关键字

C. INSERT 命令中必须有 SET 关键字

D. 以上说法均不正确

参考答案：D

【解析】 SQL 查询中的 INSERT 语句的作用是向数据表中插入数据，其语法结构为：

```
Insert into 表名(列名 1,列名 2,…,列名 n) Values(值 1,值 2,…,值 n);
```

插入多少列，后面括号里面就跟多少值。从其语法结构可以看出选项 A、B 和 C 说法均不正确，故选项 D 为正确答案。

188. 下列关于查询设计视图“设计网格”各行作用的叙述中，错误的是(　　)。

A. “总计”行是用于对查询的字段进行求和

B. “表”行设置字段所在的表或查询的名称

C. “字段”行表示可以在此输入或添加字段的名称

D. “条件”行用于输入一个条件来限定记录的选择

参考答案：A

【解析】 在查询设计视图中，“总计”行是系统提供的对查询中的记录组或全部记录进行的计算，它包括总计、平均值、计数、最大值、最小值、标准偏差或方差等。“表”行设置字段所在的表或查询的名称；“字段”行表示可以在此输入或添加字段的名称；“条件”行用于输入一个条件来限定记录的选择。故正确答案为 A。

189. 数据库中有“商品”表如下所示。执行 SQL 命令：

```
SELECT 部门号,MIN(单价 * 数量) FROM 商品 GROUP BY 部门号;
```

查询结果的记录数是(　　)。

部门号	商品号	商品名称	单价	数量	产地
40	0101	A 牌电风扇	200.00	10	广东
40	0104	A 牌微波炉	350.00	10	广东
40	0105	B 牌微波炉	600.00	10	广东
20	1032	C 牌传真机	1000.00	20	上海
40	0107	D 牌微波炉_A	420.00	10	北京
20	0110	A 牌电话机	200.00	50	广东
20	0112	B 牌手机	2000.00	10	广东
40	0202	A 牌电冰箱	3000.00	2	广东
30	1041	B 牌计算机	6000.00	10	广东
30	0204	C 牌计算机	10000.00	10	上海

A. 1　　B. 3　　C. 4　　D. 10

参考答案：B

【解析】 本题中 SQL 查询的含义是利用 GROUP BY 子句按部门统计销售商品总价最小值，因为表中列出的部门有 3 个，故统计结果应有 3 条记录，所以选项 B 正确。

190. 数据库中有“商品”表如下所示。要查找出 40 号部门单价最高的前两条记录，正确的 SQL 命令是(　　)。

部门号	商品号	商品名称	单价	数量	产地
40	0101	A 牌电风扇	200.00	10	广东
40	0104	A 牌微波炉	350.00	10	广东
40	0105	B 牌微波炉	600.00	10	广东

续表

部门号	商品号	商品名称	单价	数量	产地
20	1032	C牌传真机	1000.00	20	上海
40	0107	D牌微波炉_A	420.00	10	北京
20	0110	A牌电话机	200.00	50	广东
20	0112	B牌手机	2000.00	10	广东
40	0202	A牌电冰箱	3000.00	2	广东
30	1041	B牌计算机	6000.00	10	广东
30	0204	C牌计算机	10000.00	10	上海

A. SELECT TOP 2 * FROM 商品 WHERE 部门号="40" GROUP BY 单价;

B. SELECT TOP 2 * FROM 商品 WHERE 部门号="40" GROUP BY 单价 DESC;

C. SELECT TOP 2 * FROM 商品 WHERE 部门号="40" ORDER BY 单价;

D. SELECT TOP 2 * FROM 商品 WHERE 部门号="40" ORDER BY 单价 DESC;

参考答案:D

【解析】 要查找出40号部门单价最高的前两条记录,首先需要查找出部门号是40的所有记录,再用“ORDER BY 单价 DESC”对单价按降序排列,然后再利用TOP 2显示前两条记录,为实现此目的所使用的SQL语句只有D选项能够满足,故选项D正确。

191. 窗体设计中,决定了按Tab键时焦点在各个控件之间移动顺序的属性是(　　)。

A. Index　　B. TabStop　　C. TabIndex　　D. SetFocus

参考答案:C

【解析】 窗体中控件的TabIndex属性决定了按Tab键时焦点在各个控件之间的移动顺序。此项设置在控件属性窗口的“其他”选项卡中。用户为窗体添加控件时,系统会按添加控件的顺序自动设置该项属性值,用户可根据自己的需要进行修改。所以选项C正确。

192. 为使窗体每隔5秒钟激发一次计时器事件(timer事件),应将其Interval属性值设置为(　　)。

A. 5　　B. 500　　C. 300　　D. 5000

参考答案:D

【解析】 窗体计时器间隔以毫秒为单位,Interval属性值为1000时,间隔为1秒,每隔5秒则为5000。所以选项D正确。

193. 如果要在文本框中输入字符时达到密码显示效果,如星号(*),应设置文本框的属性是(　　)。

A. Text　　B. Caption　　C. InputMask　　D. PasswordChar

参考答案:C

【解析】 在 VBA 的文本框中输入字符时，如果想达到密码显示效果，需要设置 InputMask 属性即输入掩码属性值为密码，此时在文本框中输入的字符将显示为 * 号。所以选项 C 正确。

194. 文本框(Text1)中有选定的文本，执行 Text1. SelText ="Hello"的结果是(　　)。

A. Hello 将替换原来选定的文本

B. Hello 将插入到原来选定的文本之前

C. Text1. SelLength 为 5

D. 文本框中只有 Hello 信息

参考答案：A

【解析】 文本框的 SelText 属性返回的是文本框中选中的字符串，如果没有选中任何文本，将返回空串，当执行 Text1. SelText="Hello"时，文本框中选中的字符串将替换为 Hello。

195. 主窗体和子窗体通常用于显示多个表或查询中的数据，这些表或查询中的数据一般应该具有的关系是(　　)。

A. 一对一　　B. 一对多　　C. 多对多　　D. 关联

参考答案：B

【解析】 窗体中的窗体称为子窗体，包含子窗体的窗体称为主窗体，主窗体和子窗体显示的表或查询中的数据具有一对多关系。例如，假如有一个“教学管理”数据库，其中每名学生可以选多门课，这样“学生”表和“选课成绩”表之间就存在一对多的关系，“学生”表中的每一条记录都与“选课成绩”表中的多条记录相对应。所以选项 B 正确。

196. 报表的数据源不包括(　　)。

A. 表　　B. 查询　　C. SQL 语句　　D. 窗体

参考答案：D

【解析】 报表的数据源可以是表对象或者查询对象，而查询实际上就是 SQL 语句，所以报表的数据源也可以是 SQL 语句。窗体不能作为报表的数据源。所以选项 D 正确。

197. 用一个对象来表示“一只白色的足球被踢进球门”，那么“白色”、“足球”、“踢”、“进球门”分别对应的是(　　)。

A. 属性、对象、方法、事件　　B. 属性、对象、事件、方法

C. 对象、属性、方法、事件　　D. 对象、属性、事件、方法

参考答案：A

【解析】 对象就是一个实体，比如足球；每个对象都具有一些属性可以相互区分，比如颜色；对象的方法就是对象的可以执行的行为，比如足球可以踢，人可以走；而对象可以辨别或响应的动作是事件，比如足球进门。所以选项 A 正确。

198. 以下可以将变量 A、B 值互换的是(　　)。

A. A=B ：B=A　　B. A=C ：C=B ：B=A

C. A=(A+B)/2 ：B=(A-B)/2　　D. A=A+B ：B=A-B：A=A-B

参考答案：D

【解析】 A选项中，只有两个变量不可能互相换值；B选项执行完后，A和B变量的值都是C的值；C选项执行后A和B中的值不是任一个的原来的值了；D选项变量A和B的和减B的值得到A的值，赋给了B，此时B中是原来A的值了，然后A和B的和减去现在B的值，即减去原来A的值等于原来B的值，赋给A，这样A，B的值就交换了。所以选项D正确。

199. 随机产生［10，50］之间整数的正确表达式是（　　）。

A. Round(Rnd * 51)　　B. Int(Rnd * 40＋10)

C. Round(Rnd * 50)　　D. 10＋Int(Rnd * 41)

参考答案：D

【解析】 Rnd函数产生的是0～1之间的浮点数，不包含1，Rnd * 41则为0～41之间的浮点数，不包含41，Int(Rnd * 41)则产生［0，40］之间的整数，10＋Int(Rnd * 41)则是［10，50］之间的整数。所以选项D正确。

200. 函数InStr(1，"eFCdEfGh"，"EF"，1)执行的结果是（　　）。

A. 0　　B. 1　　C. 5　　D. 6

参考答案：B

【解析】 InStr函数的语法是：

```
InStr([Start,]< Str1> ,< Str2> [,Compare])
```

其中Start检索的起始位置，题目中为1，表示从第1个字符开始检索；Str1表示待检索的串，Str2表示待检索的子串；Compare取值0或缺省时表示做二进制比较，取值为1表示不区分大小写，题目中值为1，因此检索时不区分大小写。因此，题目中函数返回值为1。

201. MsgBox函数返回值的类型是（　　）。

A. 数值　　B. 变体

C. 字符串　　D. 数值或字符串（视输入情况而定）

参考答案：A

【解析】 MsgBox函数的语法为：

```
MsgBox(prompt,[buttons],[title],[helpfile],[context])
```

该函数的返回值是一个数值，告诉用户单击了哪一个按钮。比如MsgBox消息框显示“确定”按钮，则单击“确定”按钮MsgBox函数的返回值为1。所以选项A正确。

202. 下列逻辑运算结果为true的是（　　）。

A. false or not true　　B. true or not true

C. false and not true　　D. true and not true

参考答案：B

【解析】 逻辑运算符的优先级别为：Not＞And＞Or。因此，False Or Not True的值为False，True Or Not True的值为True，False And Not True的值为False，True And Not True的值为False。所以选项B正确。

203. 下列程序段运行结束后，变量c的值是（　　）。

```
a=24
b=328
Select Case b\10
    Case 0
        c=a * 10+b
    Case 1 to 9
        c=a * 100+b
    Case 10 to 99
        c=a * 1000+b
End Select
```

A. 537　　　B. 2427　　　C. 24328　　　D. 240328

参考答案：C

【解析】 程序中 Select Case 语句中 b\100 的值为 32，因此程序执行 Case 10 to 99 后边的 c＝a * 1000＋b 语句，即 c＝24 * 1000＋328＝24328。所以选项 C 正确。

204. 有下列程序段：

```
Dim s,i,j as Integer
For i=1 to 3
    For j=3 To 1  Step -1
        s=i * j
    Next j
Next i
```

执行完该程序段后，循环执行次数是(　　)。

A. 3　　　B. 4　　　C. 9　　　D. 10

参考答案：C

【解析】 外层 For 循环从 1 到 3 将执行 3 次，内层循环从 3 到 1 递减，也将执行 3 次，因此整个程序段的循环体将执行 3 * 3＝9 次。所以选项 C 正确。

205. 下列程序段运行结束后，消息框中的输出结果是(　　)。

```
Dim C As Boolean
A=Sqr(3)
B=Sqr(2)
C=a>b
MsgBox  C
```

A. －1　　　B. 0　　　C. False　　　D. True

参考答案：D

【解析】 Sqr 函数为求平方根，显然 3 的平方根比 2 的平方根大，因此 a＞b 的值为 True，即 c 的值为 True，MsgBox 输出逻辑变量的值时会直接输出 False 或 True。所以选项 D 正确。

206. a 和 b 中有且只有一个为 0，其正确的表达式是(　　)。

A. a＝0 Or b＝0　　　B. a＝0 Xor b＝0

C. a=0 And b=0　　　　　　　　　　D. a * b=0 And a+b<>0

参考答案：D

【解析】 0与任何数相乘都为0，0和一个不为0的数相加的值一定不为0，因此表达式 a * b=0 And a+b<>0 能够表示a和b中有且只有一个为0。所以选项D正确。

207. 有下列命令按钮控件 test 的单击事件过程：

```
Private Sub test_click()
    Dim I, R
    R=0
    For I=1 To 5 Step 1
        R=R+I
    Next I
    bResult.Caption=Str(R)
End Sub
```

当运行窗体，单击命令按钮时，在名为 bResult 的窗体标签内将显示的是（　　）。

A. 字符串15　　B. 字符串5　　C. 整数15　　D. 整数5

参考答案：A

【解析】 程序运行后，R的值为从1到5累加，为15。函数Str的功能是将数值转换为字符串，因此bResult的窗体标题将显示字符串15。所以选项A正确。

208. 能够实现从指定记录集里检索特定字段值的函数是（　　）。

A. DAvg　　B. DSum　　C. DLookUp　　D. DCount

参考答案：C

【解析】 DLookUp 函数是从指定记录集里检索特定字段的值。它可以直接在VBA、宏、查询表达式或计算控件使用，而且主要用于检索来自外部表字段中的数据。所以选项C正确。

209. 在VBA中按文件的访问方式不同，可以将文件分为（　　）。

A. 顺序文件、随机文件和二进制文件

B. 文本文件和数据文件

C. 数据文件和可执行文件

D. ASCII文件和二进制文件

参考答案：A

【解析】 VBA中打开文件的格式为：

```
Open 文件名 [For 方式] [Access 存取类型] [锁定] As [#]文件号 [Len=记录长度]
```

其中"方式"可以是以下几种：Output、Input 和 Append 为指定顺序输出输入方式，Random 为指定随机存取方式，Binary 为指定二进制文件。因此，按文件访问方式不同可以将文件分为顺序文件、随机文件和二进制文件。所以选项A正确。

210. 教师管理数据库有数据表 teacher，包括"编号"、"姓名"、"性别"和"职称"4个字段。下面程序的功能是：通过窗体向 teacher 表中添加教师记录。对应"编号"、"姓名"、

“性别”和“职称”的4个文本框的名称分别为tNo、tName、tSex和tTitles。当单击窗体上的“增加”命令按钮(名称为Command1)时,首先判断编号是否重复,如果不重复,则向teacher表中添加教师记录;如果编号重复,则给出提示信息。

```
Private ADOcn As New ADODB.Connection
Private Sub Form_Load()
    '打开窗口时,连接Access本地数据库
    Set ADOcn=CurrentProject.Connection
End Sub
Private Sub Command0_Click()
    '追加教师记录
    Dim strSQL As String
    Dim ADOcmd  As New ADODB.Command
    Dim ADOrs  As New ADODB.Recordset
    Set ADOrs.ActiveConnection=ADOcn
    ADOrs.Open "Select 编号 From teacher Where 编号='"+tNo+"'"
    If Not ADOrs.EOF Then
        MsgBox "你输入的编号已存在,不能新增加!"
    Else
        ADOcmd.ActiveConnection=ADOcn
        strSQL="Insert Into teacher(编号,姓名,性别,职称)"
        strSQL=strSQL+"Values('"+tNo+"','"+tName+"','"+tSex+"',
        '"+tTitles+"')"
        ADOcmd.CommandText=strSQL
        ADOcmd.________________________
        MsgBox "添加成功,请继续!"
    End If
    ADOrs.Close
    Set ADOrs=Nothing
End Sub
```

按照功能要求,在横线上应填写的是(　　)。

A. Execute　　B. RunSQL　　C. Run　　D. SQL

参考答案:A

【解析】 程序中定义了ADOcmd为ADO的Command对象,Command对象在建立数据连接后,可以发出命令操作数据源,可以在数据库中添加、删除、更新数据。程序中已经将更新字段的SQL语句保存到ADOcmd. CommandText中,接下来执行ADOcmd对象的Execute方法即可执行上述语句,即ADOcmd. Execute。所以选项A正确。

211. 下列关于数据库特点的叙述中,错误的是(　　)。

A. 数据库能够减少数据冗余

B. 数据库中的数据可以共享

C. 数据库中的表能够避免一切数据的重复

D. 数据库中的表既相对独立,又相互联系

参考答案：C

【解析】 数据库的主要特点是：①实现数据共享；②减少数据的冗余度；③数据的独立性；④数据实现集中控制；⑤数据一致性和可维护性，以确保数据的安全性和可靠性；⑥故障恢复。数据库中的表只能尽量避免数据的重复，不能避免一切数据的重复。所以选项C为正确答案。

212. 在数据表的“查找”操作中，通配符-的含义是(　　)。

A. 通配任意多个减号　　B. 通配任意单个字符

C. 通配任意单个运算符　　D. 通配指定范围内的任意单个字符

参考答案：D

【解析】 在数据表的“查找”操作中，通配符-的含义是表示指定范围内的任意一个字符(必须以升序排列字母范围)，如 Like "B-D"，查找的是B、C和D中任意一个字符。故选项D正确。

213. 若在数据库表的某个字段中存放演示文稿数据，则该字段的数据类型应是(　　)。

A. 文本型　　B. 备注型　　C. 超链接型　　D. OLE对象型

参考答案：D

【解析】 OLE对象是指字段用于链接或内嵌Windows支持的对象，如Word文档、Excel表格、图像、声音或者其他二进制数据。故选项D正确。

214. 在Access的数据表中删除一条记录，被删除的记录(　　)。

A. 不能恢复　　B. 可以恢复到原来位置

C. 被恢复为第一条记录　　D. 被恢复为最后一条记录

参考答案：A

【解析】 在Access中删除记录需要格外小心，因为一旦删除数据就无法恢复了。故正确答案为选项A。

215. 如果输入掩码设置为L，则在输入数据的时候，该位置上可以接受的合法输入是(　　)。

A. 任意符号　　B. 必须输入字母A～Z

C. 必须输入字母或数字　　D. 可以输入字母、数字或空格

参考答案：B

【解析】 输入掩码符号L的含义是必须输入字母(A～Z)。故选项B正确。

216. 下列不属于查询设计视图“设计网格”中的选项是(　　)。

A. 排序　　B. 显示　　C. 字段　　D. 类型

下面显示的是查询设计视图的“设计网格”部分：

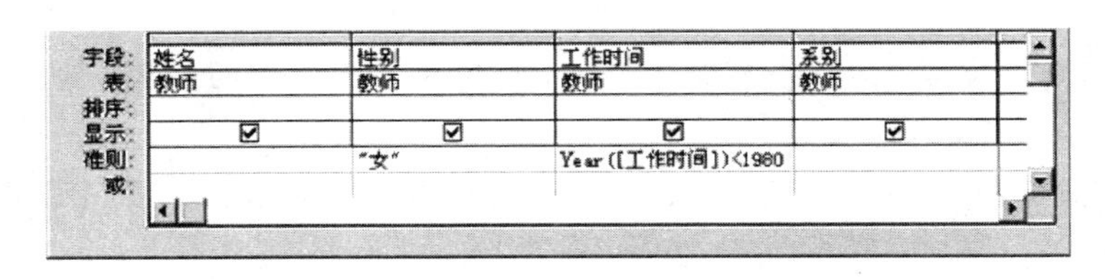

参考答案：D

【解析】 如上图所示，在查询设计视图中有“字段”、“排序”和“显示”等选项，没有“类型”选项，所以选项 D 为正确答案。

217. 在 Access 数据库中创建一个新表，应该使用的 SQL 语句是(　　)。

A. CREATE　TABLE　　　　B. CREATE　INDEX

C. ALTER　TABLE　　　　D. CREATE　DATABASE

参考答案：A

【解析】 在 Access 数据库中创建一个新表，应该使用的 SQL 语句是 CREATE TABLE。所以正确答案为 A。

218. 下面显示的是查询设计视图的“设计网格”部分。从所显示的内容中可以判断出该查询要查找的是(　　)。

字段:	姓名	性别	工作时间	系别
表:	教师	教师	教师	教师
排序:				
显示:	☑	☑	☑	☑
条件:		"女"	Year([工作时间])<1980	

A. 性别为"女"并且 1980 年以前参加工作的记录

B. 性别为"女"并且 1980 年以后参加工作的记录

C. 性别为"女"或者 1980 年以前参加工作的记录

D. 性别为"女"或者 1980 年以后参加工作的记录

参考答案：A

【解析】 从图中查询准则可以看出所要查询的是性别为女的教师，Year([工作时间])<1980 的含义是 1980 年以前参加工作的教师，这两个条件必须同时成立。所以正确答案为 A。

219. 下列 SQL 查询语句中，与下面查询设计视图所示的查询结果等价的是(　　)。

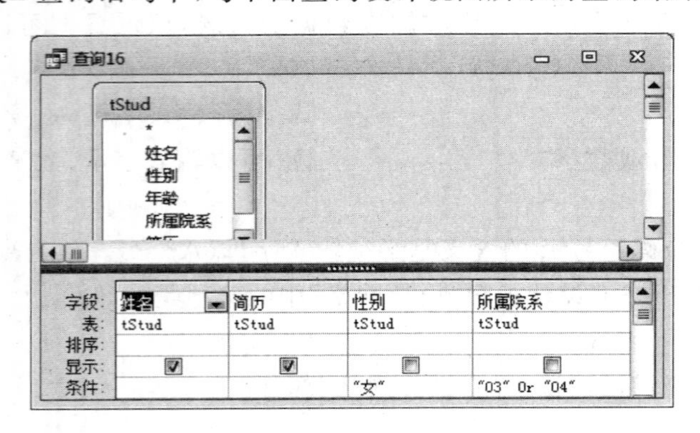

A. SELECT 姓名，性别，所属院系，简历 FROM　tStud WHERE 性别＝"女" AND 所属院系 IN("03","04")

B. SELECT 姓名，简历　FROM　tStud WHERE 性别＝"女" AND 所属院系 IN ("03","04")

C. SELECT 姓名,性别,所属院系,简历 FROM tStud WHERE 性别="女" AND 所属院系="03" OR 所属院系="04"

D. SELECT 姓名,简历 FROM tStud WHERE 性别="女" AND 所属院系="03" OR 所属院系="04"

参考答案:B

【解析】 根据此查询的设计视图勾选的“姓名”和“简历”两个字段,可以排除选项 A 和选项 C,从查询“准则”行中可以看出此查询要找出性别是女,且所属院系是 03 或 04 的记录,所以正确答案为 B。

220. 在下列查询语句中,与

```
SELECT TAB1.* FROM TAB1 WHERE InStr([简历],"篮球")<>0
```

功能等价的语句是( )。

A. SELECT TAB1.* FROM TAB1 WHERE TAB1.简历 Like "篮球"

B. SELECT TAB1.* FROM TAB1 WHERE TAB1.简历 Like "*篮球"

C. SELECT TAB1.* FROM TAB1 WHERE TAB1.简历 Like "*篮球*"

D. SELECT TAB1.* FROM TAB1 WHERE TAB1.简历 Like "篮球*"

参考答案:C

【解析】 Instr(String1,String2)函数返回一个整数,该整数指定第二个字符串 String2 在第一个字符串 String1 中的第一个匹配项的起始位置。此题中表示的是“篮球”在“简历”字段中只要出现,而不计位置,即简历中包含“篮球”两个字的记录。所以选项 C 正确。

221. 决定一个窗体有无“控制”菜单的属性是( )。

A. MinButton　　B. Caption　　C. MaxButton　　D. ControlBox

参考答案:D

【解析】 窗体的 ControlBox 属性值为真时窗体上将显示控制菜单,其值为假时,最小化按钮、最大化按钮、关闭按钮和标题栏左边的窗体图标都不显示。所以选项 D 正确。

222. 如果要改变窗体或报表的标题,需要设置的属性是( )。

A. Name　　B. Caption　　C. BackColor　　D. BorderStyle

参考答案:B

【解析】 窗体和报表的标题,由各自的 Caption 属性决定,可以通过为 Caption 属性赋值来设置窗体或报表的标题。所以选项 B 正确。

223. 命令按钮 Command1 的 Caption 属性为“退出(x)”,要将命令按钮的快捷键设为 Alt+x,应修改 Caption 属性为( )。

A. 在 x 前插入 &　　B. 在 x 后插入 &

C. 在 x 前插入 #　　D. 在 x 后插入 #

参考答案：A

【解析】 要设置"Alt＋字符"的快捷键，需要使用"&＋字符"的形式。因此，如果要将命令按钮的快捷键设置为 Alt＋x，则需要在按钮标题中设置为 &x。所以选项 A 正确。

224. 能够接受数值型数据输入的窗体控件是(　　)。

A. 图形　　B. 文本框　　C. 标签　　D. 命令按钮

参考答案：B

【解析】 在窗体控件中图形控件、标签控件、命令按钮都不能接受数据输入，文本框和组合框可以接受字符数据的输入。所以选项 B 正确。

225. 将项目添加到 List 控件中的方法是(　　)。

A. List　　B. ListCount　　C. Move　　D. AddItem

参考答案：D

【解析】 List 控件即列表框控件，列表框控件的项目添加方法是 AddItem，使用格式为：

```
控件名称.AddItem(字符串)
```

所以选项 D 正确。

226. 在窗口中有一个标签 Label0 和一个命令按钮 Command1，Command1 的事件代码如下：

```
Private Sub Command1_Click()
   Label0.Top=Label0.Top+20
End Sub
```

打开窗口后，单击命令按钮，结果是(　　)。

A. 标签向上加高　　B. 标签向下加高

C. 标签向上移动　　D. 标签向下移动

参考答案：D

【解析】 标签控件的 Top 属性值表示标签控件的上沿距离所在窗体上边缘的距离，数值越大则距离越远。因此，执行 Label0. Top＝Label0. Top＋20 后 Top 的值变大了，也就是控件距离窗体上边缘远了，即控件位置下移了。所以选项 D 正确。

227. 在 Access 中，如果变量定义在模块的过程内部，当过程代码执行时才可见，则这种变量的作用域为(　　)。

A. 程序范围　　B. 全局范围　　C. 模块范围　　D. 局部范围

参考答案：D

【解析】 在过程内部定义的变量，当过程代码执行时才可见，则它的作用域只在该过程内部，属于局部变量。所以选项 D 正确。

228. 表达式 Fix(－3.25)和 Fix(3.75)的结果分别是(　　)。

A. －3,3　　B. －4,3　　C. －3,4　　D. －4,4

参考答案：A

【解析】 Fix()函数返回数值表达式的整数部分,参数为负值时返回大于等于参数数值的第一个负数。因此,Fix(−3.25)返回−3,Fix(3.75)返回3。所以选项A正确。

229. 为使窗体每隔0.5秒钟激发一次计时器事件(timer事件),则应将其Interval属性值设置为(　　)。

A. 5000　　B. 500　　C. 5　　D. 0.5

参考答案:B

【解析】 窗体的计时器事件发生间隔由Interval属性设定,该属性值以毫秒为单位,0.5秒即500毫秒,因此应将Interval值设置为500。所以选项A正确。

230. 在下列关于宏和模块的叙述中,正确的是(　　)。

A. 模块是能够被程序调用的函数

B. 通过定义宏可以选择或更新数据

C. 宏或模块都不能是窗体或报表上的事件代码

D. 宏可以是独立的数据库对象,可以提供独立的操作动作

参考答案:D

【解析】 模块是Access系统中的一个重要的对象,它以VBA语言为基础编写,以函数过程(Function)或子过程(Sub)为单元的集合方式存储,因此选项A错误。模块是装着VBA代码的容器。模块分为类模块和标准模块两种类型。窗体模块和报表模块都属于类模块,它们从属于各自的窗体和报表,因此选项C错误。使用宏,可以实现以下一些操作:①在首次打开数据库时,执行一个或一系列操作;②建立自定义菜单栏;③从工具栏上的按钮执行自己的宏或程序;④将筛选程序加到各个记录中,从而提高记录查找的速度;⑤可以随时打开或者关闭数据库对象;⑥设置窗体或报表控件的属性值;⑦显示各种信息,并能够使计算机扬声器发出报警声,以引起用户的注意;⑧实现数据自动传输,可以自动地在各种数据格式之间导入或导出数据;⑨可以为窗体定制菜单,并可以让用户设计其中的内容。因此,选项B错误。所以本题正确答案为D。

231. VBA程序流程控制的方式是(　　)。

A. 顺序控制和分支控制　　B. 顺序控制和循环控制

C. 循环控制和分支控制　　D. 顺序、分支和循环控制

参考答案:D

【解析】 程序流程控制一般有三种:顺序流程、分支流程和循环流程。顺序流程为程序的执行依语句顺序,分支流程为程序根据If语句或Case语句使程序流程选择不同的分支,循环流程则是依据一定的条件使指定的程序语句反复执行。所以选项D正确。

232. 在过程定义中有语句:

```
Private  Sub  GetData(ByVal  data  As Integer)
```

其中ByVal的含义是(　　)。

A. 传值调用　　B. 传址调用　　C. 形式参数　　D. 实际参数

参考答案:A

【解析】 过程定义语句中形参变量说明中使用ByVal指定参数传递方式为按值传

递，如果使用ByRef，则指定参数传递方式为按地址传递；如果不指定参数传递方式，则默认为按地址传递。所以选项A正确。

233. 语句Dim NewArray(10) As Integer的含义是(　　)。

A. 定义了一个整型变量且初值为10

B. 定义了10个整数构成的数组

C. 定义了11个整数构成的数组

D. 将数组的第10元素设置为整型

参考答案：C

【解析】 VBA中定义数组默认下标从0开始，因此Dim NewArray(10) As Integer语句的含义是定义了一个含有11个整数的数组。所以选项C正确。

234. VBA中不能实现错误处理的语句结构是(　　)。

A. On Error Then 标号　　B. On Error Goto 标号

C. On Error Resume Next　　D. On Error Goto 0

参考答案：A

【解析】 VBA中实现错误处理的语句一般语法如下：

```
On Error GoTo 标号
On Error ReSume Next
On Error GoTo 0
```

所以选项A正确。

235. 要想改变一个窗体的标题内容，则应该设置的属性是(　　)。

A. Name　　B. Fontname　　C. Caption　　D. Text

参考答案：C

【解析】 改变窗体标题需要对窗体的Caption属性赋值。所以选项C正确。

236. 下列程序段运行结束后，变量x的值是(　　)。

```
x=2
y=2
Do
    x=x * y
    y=y+1
Loop While y<4
```

A. 4　　B. 12　　C. 48　　D. 192

参考答案：B

【解析】 程序中使用了Do…While循环，循环体至少执行一次，循环继续执行的条件是y＜4。循环体中x＝x＊y＝2＊2＝4，y＝y＋1＝3，条件满足循环体继续执行；x＝4＊3＝12，y＝3＋1＝4，此时条件不满足，不再执行循环体，循环结束。所以选项B正确。

237. 已知学生表(学号，姓名，性别，生日)，以下事件代码功能是将学生表中生日为空值的学生“性别”字段值设置为“男”。

```
Private Sub Command0_Click()
    Dim str As String
    Set db=CurrentDb()
    str="________________________________"
    DoCmd.RunSQL str
End Sub
```

按照功能要求，在横线上应填写的是(　　)。

A. Update 学生表 Set 性别='男'　Where 生日 Is Null

B. Update 学生表 Set 性别='男'　Where 生日=Null

C. Set 学生表 Values 性别='男'　Where 生日 Is Null

D. Set 学生表 Values 性别='男'　Where 生日=Null

参考答案：A

【解析】 本题考查 SQL 语句，SQL 语句更新数据要使用 Update 语句，判断字段是否为空应使用 Is Null 或 IsNull()函数。所以选项 A 正确。

238. 要限制宏命令的操作范围，在创建宏时应定义的是(　　)。

A. 宏操作对象

B. 宏操作目标

C. 宏条件表达式

D. 窗体或报表控件属性

参考答案：C

【解析】 要限制宏命令的操作范围可以在创建宏时定义宏条件表达式。使用条件表达式的条件宏可以在满足特定条件时才执行对应的操作。所以选项 C 正确。

239. 当条件为 5<x<10 时，x=x+1，以下语句正确的是(　　)。

A. if 5<x<10 then x=x+1

B. if 5<x or x<10 then x=x+1

C. if 5<x and x<10 then x=x+1

D. if 5<x xor x<10 then x=x+1

参考答案：C

【解析】 条件 5<x<10 即为 x 大于 5 并且小于 10，用关系表达式表示就是 x>5 and x<10。所以选项 C 正确。

240. 数据库中有数据表 Emp，包括 Eno、Ename、Eage、Esex、Edate、Eparty 字段。下面程序段的功能是：在窗体文本框 tValue 内输入年龄条件，单击"删除"按钮完成对该年龄职工记录信息的删除操作。

```
Private Sub btnDelete_Click()                '单击"删除"按钮
    Dim strSQL  As String                    '定义变量
    strSQL="delete from Emp"                 '赋值 SQL 基本操作字符串
    '判断窗体年龄条件值无效(空值或非数值)处理
    If  IsNull(Me! tValue)=True Or IsNumeric(Me! tValue)=False  Then
        MsgBox "年龄值为空或非有效数值!", vbCritical, "Error"
        '窗体输入焦点移回年龄输入的文本框 tValue 控件内
        Me! tValue.SetFocus
    Else
        '构造条件删除查询表达式
```

```
        strSQL=strSQL & " where Eage=" & Me! tValue
        '消息框提示"确认删除？(Yes/No)",确认后实施删除操作
        If ________________________ Then
            DoCmd.RunSQL  strSQL        '执行删除查询
            MsgBox "completed!", vbInformation, "Msg"
        End If
    End If
End Sub
```

按照功能要求，在横线上应填写的是(　　)。

A. MsgBox("确认删除？(Yes/No)",vbQuestion＋vbYesNo,"确认")＝ vbOk

B. MsgBox("确认删除？(Yes/No)",vbQuestion＋vbYesNo,"确认")＝ vbYes

C. MsgBox("确认",vbQuestion＋vbYesNo,"确认删除？(Yes/No)")＝ vbOk

D. MsgBox("确认",vbQuestion＋vbYesNo,"确认删除？(Yes/No)")＝ vbYes

参考答案：B

【解析】 MsgBox 函数的语法为：

```
MsgBox(Prompt,[Buttons],[Title],[Helpfile],[Context])
```

该函数的返回值告诉用户单击了哪一个按钮。根据题目要求消息框应为 MsgBox("确认删除？(Yes/No)",vbQuestion＋vbYesNo,"确认")，显示时会显示"是"和"否"两个按钮。单击"是"按钮，MsgBox 函数的返回值为 vbYes；单击"否"按钮，MsgBox 函数返回值为 vbNo。所以选项 B 正确。